滚动轴承故障特征快速提取方法及应用

王艳　田迪　贺雨田　著

中国石化出版社

·北京·

图书在版编目(CIP)数据

滚动轴承故障特征快速提取方法及应用 / 王艳，田迪，贺雨田著. -- 北京：中国石化出版社，2024. 10.
ISBN 978-7-5114-7732-3

Ⅰ. TH133.33

中国国家版本馆 CIP 数据核字第 2024RP3881 号

中国石化出版社出版发行

地址:北京市东城区安定门外大街 58 号
邮编:100011 电话:(010)57512446
发行部电话:(010)57512575
http://www.sinopec-press.com
E-mail:press@sinopec.com
宝蕾元仁浩(天津)印刷有限公司印刷
全国各地新华书店经销

*

710 毫米×1000 毫米 16 开本 10.5 印张 251 千字
2024 年 10 月第 1 版 2024 年 10 月第 1 次印刷
定价:68.00 元

前　言

滚动轴承被誉为“工业的关节”，因其低摩擦系数和高回转精度的特性，在航空航天、交通运输、风力发电等领域得到广泛应用。滚动轴承运行工况复杂，常因润滑油污染、过度负荷、漏电流等发生性能退化甚至故障。滚动轴承故障一旦萌生便容易迅速发展并恶化，若不能对故障做出快速准确的判断，并及时采取补救措施，将会影响到其他零部件的正常运行，导致整个系统瘫痪，从而造成经济损失、人员伤亡和负面社会影响。在运行中对滚动轴承进行实时监测和在线诊断，能够为设备的安全稳定运行提供有力保障，具有重要经济价值和社会意义。

滚动轴承的故障信号通常以存在周期性脉冲为特征，这些脉冲是调制的高频谐波分量。利用有效的信号处理技术，从调制信号中快速提取出滚动轴承故障特征，是实现滚动轴承实时监测和在线诊断的关键所在。然而，由于滚动轴承实际运行工况复杂，传感器采集到的信号中往往会混入大量背景噪声和干扰成分，使得表征轴承故障的脉冲信号被淹没，很大程度上影响了轴承实时监测和在线诊断的效果。针对以上问题，本书在强噪声、多干扰的复杂背景下，对滚动轴承早期故障和复合故障特征的快速提取方法进行了系统研究，在信号降噪、解调、特征频率提取等方面提出了系列方法，并基于振动筛轴承故障实验台对所提方法的性能和适用场景进行了对比分析。

本书共7章。第1章为概述，主要阐述了滚动轴承故障诊断的意义，分析了滚动轴承振动源及信号特征，介绍了滚动轴承故障诊断关键技术的研究现状。第2章针对滚动轴承运行环境噪声严重、故障信号解调和特征提取困难的问题，提出了一种基于快速非局部均值滤波（IFNLM）和对称高阶差分解析能量算子（SHO－AEO）的解决方法，并通过仿真模拟和实验数据对IFNLM－SHOAEO方法的可行性和优越性进行了验证。

第 3 章针对强背景噪声和多振源干扰并存导致故障特征提取难度增加以及传统模态分解算法执行速度较慢的问题，提出一种基于硬阈值快速迭代滤波（HTFIF）、敏感 IMF 选择指标 L－KCA 和 k 值改进对称差分能量算子（k－SDAEO）的联合故障特征提取方法，并通过仿真模拟和实验数据对该方法的可行性和优越性进行验证。第 4 章针对滚动轴承早期微弱故障特征提取问题，提出了一种基于 SOSO 增强技术的滚动轴承微弱故障特征提取方法，并通过加速寿命实验对所提方法的有效性和可行性进行验证。第 5 章将前文中所提出的三种单点故障特征提取方法在 SDM00 型振动筛激振器轴承故障诊断平台上进行了应用研究，并以此振动筛为依托对以上三种方法和所提三种能量算子进行比较和评价，指出在实际应用中，“提纯”和解调步骤的方法，可以根据具体情况优化匹配，为滚动轴承故障诊断提供最佳方案。第 6 章针对机械系统复合故障发生时，多个噪声源与复合故障之间存在耦合，弱故障信号往往会被噪声干扰和强故障信号掩盖，极易导致误判或漏判的现象，提出了一种基于 SOSO_IFNLM－HTFIF－SHFWEO 和 k－SHFWEO 的复合故障特征提取方法。通过振动筛轴承故障诊断实验验证了所提方法的可行性，同时通过与同类文献所述方法进行比较，验证了该方法的优越性。第 7 章对滚动轴承故障诊断方法的发展进行了探讨。本书相关研究成果对丰富机械系统故障诊断理论，保证机械设备安全运行，提高设备作业效率、生产质量、动态稳定性与使用寿命具有指导意义。

感谢西安建筑科技大学谷立臣教授对本书提出的宝贵意见。感谢西安石油大学优秀学术著作出版基金项目、陕西省自然学基础研究计划项目（2024JC－YBQN－0446）、油气藏地质及开发工程全国重点实验室开放基金新项目（PLN2024－17）、陕西省高速公路施工机械重点实验室（长安大学）开放基金项目（300102253510）对本书的资助。

由于作者水平有限，且内容涉及机电工程、数学与应用数学、信息与信号处理等多学科，理论性较强，涉及的概念、公式、符号和图表繁多，书中错误、疏漏与不妥之处在所难免，敬请各位读者批评指正！

目　　录

1 概　述

1.1 滚动轴承故障诊断的意义

随着“德国工业 4.0”战略在汉诺威工业博览会上的正式推出，第四次工业革命拉开了帷幕。现代制造业中工业化与信息化的融合愈加紧密，促使航空航天、化工生产、铁路交通、风电能源、船舶运输等关乎民生大计的关键领域的机械设备朝着大型化、精密化、自动化、智能化的方向发展。这些设备投资巨大，且连续高效产出，非计划性停机会造成巨大的损失，因此，机械设备故障问题受到了越来越多的关注。《“十四五”智能制造发展规划》指出“智能制造是未来强国建设的主要方向，智能制造的发展水平直接影响我国制造业的质量水平”，并将“装备故障诊断与预测性维护”列为需要重点突破的关键核心技术之一。《中国制造 2025》《机械学科发展战略报告》等也明确将机械设备关键部件的故障诊断列为重点方向。滚动轴承是现代工业设备中传递力矩及动力的核心零部件。由于长期在高温、重载、多尘的恶劣工况下工作，在温度过高、润滑不良、冲击剧烈等因素影响下，随着时间的推移，会使其经历如疲劳剥落、塑性变形、裂纹和断裂、点蚀腐蚀等形式的损伤（图 1－1），成为机械系统可靠运行的“水桶短板”。相关资料表明：旋转机械故障约 30% 是由滚动轴承失效引发的，20% 的齿轮箱故障是由轴承损坏导致的，更有高达 44% 的电机故障为轴承故障。局部缺陷如疲劳点蚀和剥落是引起轴承早期故障发生的主要因素，滚动轴承局部缺陷的发生具有一定的随机性且通常表现为复合故障，故障一旦萌生便会迅速发展并恶化，若不能对故障做出早期预警，并及时采取补救措施，轻则会影响机械设备的作业效率、生产质量、动态稳定性与使用寿命，重则停工停产甚至导致人员伤亡。因此，开展滚动轴承实时监测及在线诊断具有重要现实意义。

振动信号可以对设备运行状态的变化迅速地做出响应，而且振动信息的获取过程简单方便、直观快捷。将滚动轴承故障特征从振动信号中快速提取出来会直接影响到轴承故障诊断的准确性和有效性。然而，滚动轴承往往服役于复杂机械系统中，受工作环境、传输路径、多重非监测部位振动干扰等因素的影响，振动信号中的故障特征信息往往被掩盖在强烈背景噪声和复杂干扰中，识别困难。此外，故障的发生具有一定的随机性，且故障一旦萌生便迅速发展并恶化，若不能对故障快速做出准确判断，及时采取适当的预防、补救措施会降低产品的质量，造成经济损失甚至重大灾害。因此，如何剔除复杂信号中的干扰成分、快速捕捉隐含的故障特征是滚动轴承故障诊断成败的关键。而现有滚动轴承故障特征提取方法大都只关注算法的提取能力忽略了快速性，无法满足滚动轴承实时状态监测和在线故障诊断的要求。

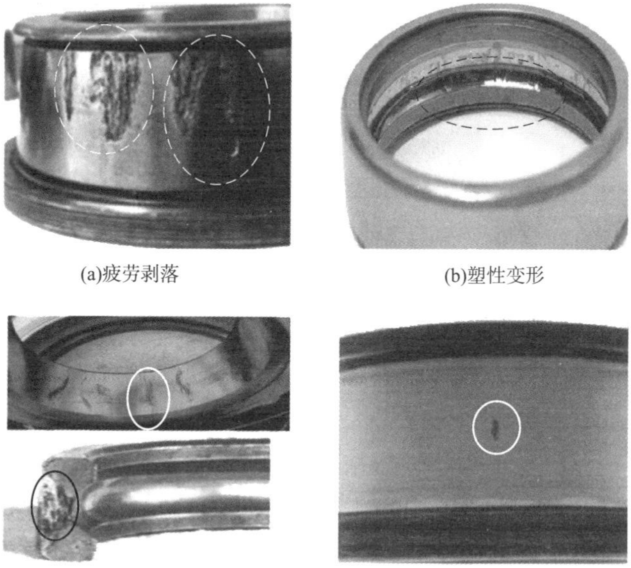

(a)疲劳剥落　(b)塑性变形

(c)裂纹和断裂　(d)点蚀腐蚀

图 1－1　滚动轴承损伤形式

基于以上背景，本书以机械系统关键元件之一的滚动轴承为研究对象，针对滚动轴承故障特征信息通常被强烈背景噪声和非监测部位振动干扰掩盖以及轴承往往会出现复合故障并与噪声干扰相互作用的问题，在对轴承故障振动信号特性进行充分分析的基础上，提出滚动轴承故障特征快速提取的新方法，为滚动轴承实时检测和在线诊断的实际应用和部署提供可行性方案，具有一定的理论意义和工程价值。

1.2 滚动轴承振动特性分析基础

1.2.1 滚动轴承振动源及信号特征

在实际运行时滚动轴承的激励主要来自两个方面：一是内部因素，如轴承结构、加工和装配误差以及故障损伤等产生的激励；二是外部因素，如传动轴上其他机械部件的力和运动的作用造成的激励。在实际故障诊断过程中，传感器拾取的振动信号通常是内外因素相互作用引起的综合振动。其中，由故障损伤引起的振动是关注的重点。

滚动轴承故障损伤主要分为两类：一是磨损类故障；二是表面损伤类故障。磨损类故障是渐变性的，发展形成过程较为缓慢。轴承表面磨损后，其振动强度与正常轴承相比会明显增加，但仍为随机和不规则波形，不会引起突发性的破坏，危害性较小。

由于材料疲劳等引起的表面损伤类故障会在滚动轴承接触元件表面上引发突变的冲击力。轴承损伤类故障振动特征如图 1－2 所示，包含两种性质的振动：一是受损元件表面损伤点以一定的通过频率周期性地撞击接触元件表面时引起的低频冲击振动；二是由故障冲击引起的轴承系统高频固有自由衰减振动。

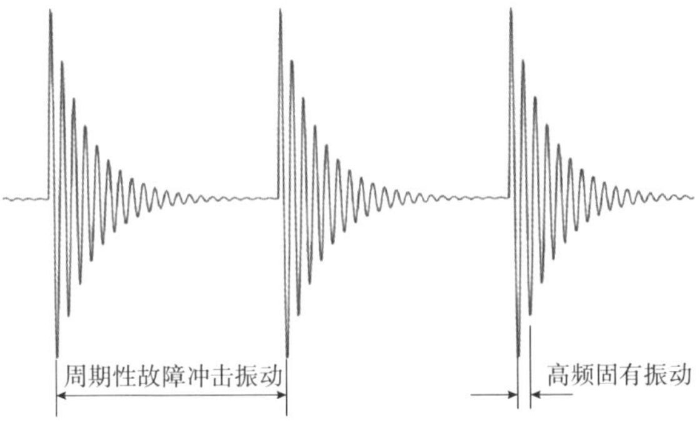

图 1－2　轴承损伤类故障振动特征

低频冲击振动的通过频率又称为故障特征频率，由滚动轴承的缺陷位置、结构参数以及传动轴转速决定。如图 1－3(a) 所示，滚动轴承的结构主要由内圈、外圈、滚动体和保持架四个部分组成。结构参数如图 1－3(b) 所示，主要包括轴承节圆直径 D、轴承外圈直径 D_m、轴承内圈直径 D_s、滚动体直径 d、轴承接触角 θ

和滚动体数目 Z。

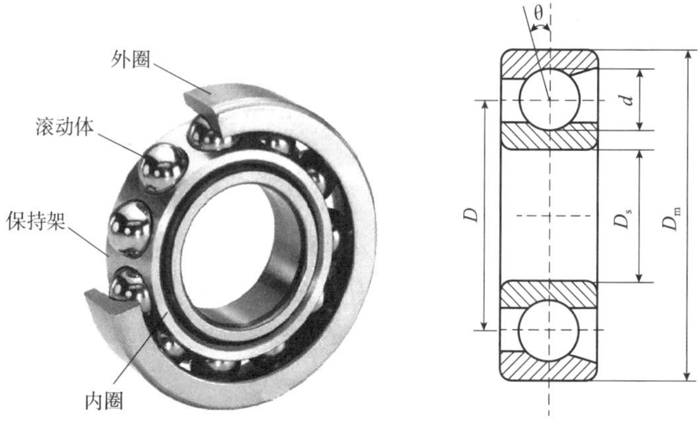

(a)滚动轴承的组成　　(b)结构参数

图 1-3　滚动轴承的组成及结构参数

当轴承外圈固定时，内、外圈的相对转速即传动轴转速为 n，则转频 f_r 为：

$$f_r = \frac{n}{60} \tag{1-1}$$

其主要部件的故障特征频率理论公式如下。

外圈故障特征频率 f_o：

$$f_o = \frac{f_r}{2} Z \left(1 - \frac{d}{D}\cos\theta\right) \tag{1-2}$$

内圈故障特征频率 f_i：

$$f_i = \frac{f_r}{2} Z \left(1 + \frac{d}{D}\cos\theta\right) \tag{1-3}$$

滚动体故障特征频率 f_b：

$$f_b = \frac{Df_r}{2d} \left[1 - \left(\frac{d}{D}\cos\theta\right)^2\right] \tag{1-4}$$

保持架故障特征频率 f_c：

$$f_c = \frac{f_r}{2} \left(1 - \frac{d}{D}\cos\theta\right) \tag{1-5}$$

轴承的不同部位受损时会产生不同频率的故障冲击脉冲，因此可以通过提取轴承故障特征频率判断和评估轴承的故障位置。

1.2.2　滚动轴承故障振动信号特点

滚动轴承故障振动信号受到工作环境噪声、非监测部件的振动干扰以及信号传递路径的影响，通常会表现出周期冲击性、复合性和调制性等特点。

1. 周期冲击性

当滚动轴承元件表面存在缺陷或损伤(如轴承表面剥落、点蚀或磨损)时，受损元件表面损伤点会以一定的通过频率周期性地撞击接触元件表面，从而产生周期性的瞬时脉冲。并且对于不同的故障位置轴承产生的冲击特性也不同。

2. 复合性

在实际工况下，滚动轴承的故障通常表现为复合故障，且由于运行环境影响，常常出现多噪源干扰与复合故障相互作用的情况。传感器拾取的振动信号往往包含多种故障、环境噪声和非监测部件振动干扰的复合信号，轴承的故障冲击特征容易掩盖在其中。因此，如何利用信号处理方法，将滚动轴承故障特征从包含大量噪声和多振源干扰的复合信号中有效提取出来，一直都是滚动轴承实时故障检测和在线诊断需要攻克的难题。

3. 调制性

从 Mcfadden P D 和 Smith J D 提出的滚动轴承单点故障模型及此后诸多学者对此模型的扩展和改进可知，当滚动轴承发生点蚀或损伤时，在轴承承载运行过程中产生的衰减冲击力会引起整个结构的高频共振。而这种高频共振的幅值会受周期性故障冲击力所调制，从而使滚动轴承故障振动信号呈现明显的调制性。因此，需要研究有效的解调处理方案将故障冲击特征解调出来。

周期冲击性为滚动轴承故障特征提取的研究提供了科学切入点。复合性和调制性指明了轴承故障特征提取需要攻克的方向是降噪和解调。

1.3 滚动轴承故障诊断中几个关键问题的研究现状

1.3.1 信号降噪方法的研究现状

如前所述，滚动轴承发生故障时产生的周期冲击性信号容易被工作环境噪声及非监测部件的振动干扰掩盖，采用传统的信号处理方法很难实现对故障特征的准确识别。因此，需要对轴承原始振动信号进行降噪预处理，以削弱背景噪声和无关干扰，提高滚动轴承故障特征信息的信噪比。

传统降噪方法是借助滤波器对原始信号进行滤波降噪。但轴承故障冲击引起的固有振动信号频带较宽，经滤波器滤波降噪后会破坏其完整性。此外，由于轴承振动信号噪声成分复杂，采用传统的方法难以得到满意的降噪效果。近几十年来，信号处理技术的蓬勃发展促进了大批降噪处理新方法的涌现，现对其中几种较典型的降噪方法进行简单回顾。

1. 基于小波的降噪方法的研究现状

小波变换(Wavelet Transform，WT)的思想是利用宽度可调的窗函数沿时间轴对原始信号进行分段截取逼近，以实现信号不同时间段不同频率分量的有效分离，在时频域都具有良好的局部特性。基于小波降噪的方法主要有小波模极大值降噪法、小波相关滤波降噪法和小波阈值降噪法三种，其中小波模极大值降噪法计算速度较慢，小波分解尺度的选择会影响降噪效果；小波相关滤波降噪法计算量较大且需要估算噪声方差；而小波阈值降噪法计算效率高且基本可以消除噪声。因此，阈值法是滚动轴承故障诊断中最常用的小波降噪方法。王普等针对传统阈值函数的过度降噪和重构偏差问题，构建了一种分层自适应阈值函数，有效改善了轴承故障信息降噪效果。丁锋等采用小波中自适应 Thselect 阈值函数对电机轴承振动信号的高频噪声进行抑制，成功检测出其低频故障特征。此外，小波降噪法常与其他方法联合使用，解决了滚动轴承故障诊断中更复杂的问题。Sachan S 等提出了一种基于零频滤波和小波变换的两级消噪算法，实现了滚动轴承早期微弱故障特征的有效提取。Cui 等基于小波变换、时频分析和盲源分离理论，提出了一种能确定轴承共振频率和故障位置的新方法，解决了基于时频分析方法的早期轴承故障诊断中的模态混叠问题。Paliwal D 等采用快速傅里叶变换(Fast Fourier Transform，FFT)与 WT 结合信号处理技术，解决了轴承故障冲击被噪声和微观结构振动掩盖的问题，有效提高了在类似条件下轴承故障诊断能力。

但小波基函数的选择需要对信号本身具有一定先验知识，采用不同小波基可能会得到不同的结果。且小波基函数一旦被选定，所得结果为某一固定频段的信号，导致了小波分析方法不具有自适应性，制约了小波变换应用的进一步推广。

2. 基于稀疏分解的降噪方法的研究现状

稀疏分解降噪思想是将含噪声的原始信号在过完备原子库上进行稀疏表示，舍弃部分表示系数较小的噪声成分，仅用其中几个表示系数较大的原子对原始信号进行线性重构，从而实现信号降噪。基于稀疏分解的降噪方法能够更全面且简明地表征出信号隐含的某些特征，实现信噪有效分离，因此越来越多的学者致力于稀疏分解算法的研究，并将该算法应用于滚动轴承的故障诊断中。稀疏分解降噪的两个关键问题：一是稀疏系数的求解；二是字典的构造。稀疏表征求解算法主要包括以基追踪(Basis Pursuit，BP)为代表的松弛优化算法以及以匹配追踪(Matching Pursuit，MP)为代表的贪婪算法；字典构造方法主要有解析法和学习法。Sun 等提出了一种基于稀疏正则化(SR)的相邻信号差(SR－ASD)的滚动轴承故障特征提取方法。针对振动信号的特点，通过保持信号的稀疏性和相邻信号差来保持冲击特征和消除噪声，并通过正则化参数的自适应设置方法，增强消噪效果。Deng 等提出了一种基于正交匹配追踪的参数字典设计算法——故障影响匹配算法(Fault Impact Matching Algorithm，FIMA)，解决了轮轨激励复杂、工作环境恶劣导致轮对轴承缺陷检测困难的问题。Hou F 等通过构建一个对轴承故障复合信号敏感的过完备字典，利用基追踪法对故障信号的时频结构特征进行最优化匹配，并实现复合信号的阈值降噪和故障特征的有效提取。Cui 等采用参数化函数模型的方法构造脉冲时频字典和调制字典，形成双字典。在此基础上，提出了一种新的双字典匹配追踪(Double－Dictionary Matching Pursuit，DDMP)方法；针对不同故障尺寸的滚动轴承振动信号，采用 DDMP 对信号进行降噪和重构，并引入 Lempel－Ziv 复杂度指标实现故障程度评价。将该方法应用于轴承外圈和内圈不同损伤程度的故障实验信号，结果表明，该方法能有效地实现故障程度评估。Tong 等通过正交匹配追踪、K－奇异值分解(K－Singular Value Decomposition Algorithm，K－SVD)和二维主成分分析方法提出了一种基于图像稀疏表示的特征提取方法，为解决轴承多局部故障诊断精度下降的问题提供了崭新视角。

虽然相对于传统的时频分析方法，基于稀疏分解的降噪方法有较好的稀疏度和分辨率，在故障信号对应频带未知或噪声干扰和故障信号的频带出现重叠时，依然能保持良好的降噪效果，但其应用仍处于初始阶段，提出的稀疏系数求解方法多是基于匹配追踪和基追踪的，而匹配追踪算法的收敛速度和信号表征的稀疏性高度依赖字典的选择；基追踪具有稀疏性和更好的时频分辨率，但计算量大、运行速度缓慢。解析字典缺乏自适应性；字典学习算法运算较复杂。

3. 基于经验模态分解的降噪方法的研究

经验模态分解法(Empirical Mode Decomposition，EMD)是 Huang N E 等于 1998 年提出的一次突破性的创造，可将给定信号自适应地分解为一组具有唯一信息的固有模态函数(Intrinsic Mode Function，IMF)，以揭示信号潜在的隐藏特征。作为一种强大的时频分析方法，EMD 可以在不进行任何基于先验选择的情况下对信号特征进行匹配，因此在轴承故障诊断领域得到了广泛的应用。王涛等根据排列熵和相关系数最大化原则对 EMD 分解的 IMF 进行筛选重构滤波，实现了对滚动轴承故障特征的有效提取。李红贤等采用多元经验模态分解方法对滚动轴承信号进行自适应分解，然后利用独立成分分析(ICA)包络对根据峭度及相关系数选取的敏感 IMF 分量进行处理，从而实现了对模态混叠和带内噪声的有效抑制。Kumar 等采用动态时间扭曲(DTW)算法和相关性分析的联合方法来选择 EMD 分解的敏感 IMF，并依据选定的 IMF 的包络谱识别了轴承的故障特征。Amirat 等提出了基于 EMD 与统计工具的感应电机轴承故障检测方法。

尽管如此，EMD 方法也存在一些不足，如缺乏数学基础、筛选算法不稳定、噪声敏感性、间歇性、端点效应、模态混合等。近二十年来，这项技术的广泛应用和不足引起了许多科研学者的关注，并提出了大量改进和替代的方法。Deering 等利用掩蔽信号来改善模态混合问题，抑制瞬态过程中的间歇现象，但其模态分离能力受到信号幅值的影响。Wu 等和 Yeh 等分别提出了集成 EMD(EEMD)和补充 EEMD(CEEMD)方法，改善了 EMD 算法的模态混叠和噪声敏感性问题，但由于在分解过程中附加噪声与给定信号的相互作用，会产生计算量大以及噪声残留等问题。Li 等提出了一种基于时变滤波的经验模态分解(Time Varying Filter Empirical Mode Decomposition，TVF－EMD)方法，提高了噪声鲁棒性和频率分离性能，但存在参数选择困难和计算复杂度高的问题。Zhou 等提出了一种与 CEEMD 相结合的自适应快速集成经验模态分解(AFEEMD)方法，通过添加振幅较小的高频白噪声，降低了 EEMD 的计算复杂度。但对于 EMD 方法来说，由于迭代次数较多，其过程本身就是计算密集型的，因此，基于 EMD 的改进算法很难达到实时性的要求。Lin 等将低通滤波函数与信号本身的卷积作为“信号移动平均”取代 EMD 中上、下包络线之间的平均值，提出了迭代滤波(Iterative Filter，IF)算法。然而，基本 IF 算法中的滤波器(如双平均滤波器)不够平滑，可能会在随后的 IMF 中产生人工振荡。为了解决这个问题，Cicone 等利用福克－普朗克方程(Fokker－Planck)的解构造了一些平滑滤波器(FP 滤波器)以取代 IF 中使用的低通滤波器，并得到了改进的 IF(MIF)。Cicone 在 MIF 中引入了快速傅里叶变换(FFT)和下采样技术，提出了硬阈值快速迭代滤波(Hard Thresholding Fast Iterative Filtering，HTFIF)方法。HTFIF 将 MIF 的处理过程简化为一步，使其更接近于在线算法。

4. 基于最小熵解卷积及其改进算法的降噪方法

最小熵解卷积(Minimum Entropy Deconvolution，MED)以最大峭度值作为寻优目标优化逆滤波器，反作用信号的传递路径，能够降低因路径传输导致的信号衰减，突出信号中的冲击成分。基于此，MED 及其改进算法在机械故障诊断中得到了一定的应用。王兴龙等提出了基于 MED 和自相关谱峭度图(Autocorrelation Spectrum Kurtosis Map，ASKM)的滚动轴承故障诊断方法，准确检测出了故障信号的解调频带及故障特征频率。Cheng 等通过标准粒子群算法与广义球面坐标变换求解滤波器系数，有效增强了低信噪比轴承振动信号故障特征对应脉冲分量。Mcdonald 等针对 MED、OMED 和 MCKD 在旋转机械上应用的局限性，提出了一种新的反褶积方法，称为多点优化最小熵调整反褶积(Multipoint Optimal Minimum Entropy Deconvolution Adjusted，MOMEDA)，并利用 MOMEDA 有效检测出了齿轮切屑故障。张龙等针对强噪声条件下滚动轴承故障信号特征提取问题，提出了基于 MED 和独立成分分析(Independent Component Analysis，ICA)的联合降噪方法。Dong 等采用 MED 作为预滤波器降低噪声，并结合 K-SVD 在适应真实信号的变化方面的优势，提出了基于 MED 和 K-SVD 的早期轴承故障检测方法。

基于最小熵解卷积的降噪方法虽然已在机械故障检测中取得了成功应用，但该方法降噪结果的准确性过度依赖于滤波器长度的选择，若滤波器长度选择不当容易产生伪脉冲序列。

5. 基于非局部均值降噪方法的研究现状

非局部均值算法是由 Buades A 等于 2005 年提出的一种图像降噪的全新算法。NLM 滤波的核心思想是利用自然图像的大量冗余信息和相似结构，在全局范围内尽可能地搜索相似像素块，对相似结构加权平均，从而实现在抑制噪声的同时有效增强图像结构特征信息。NLM 具有无须迭代、降噪性能良好等优点，但也存在时间复杂度高、效率较低的缺点，因此吸引了众多学者对 NLM 快速算法的探索，并取得一定的研究成果。Mahmoudi 等根据区域平均值和平均梯度值的预分类简化权重计算，实现了算法加速。但该方法局限性较大，仅对部分噪声有效，对一些常见噪声如高斯白噪声等的去除效果反而不理想。Karnati 等采用积分图的方式来提高 NLM 算法的速度和运算效率，但其降噪性能在大噪声背景下有所下降。Vignesh 等提出了一种基于概率早期终止(PET)的 NLM 加速方案，在计算权重时不需要遍历所有像素，从而很大程度地降低了算法的运算量，但也面临着影响降噪性能的问题。Tasdizen 等提出了一种基于主成分分析(Principal Component Analysis，PCA)的 NLM 方法(PCA-NLM)，该方法通过 PCA 将图像子块投影到特征向量空间，仅从中选取一定维数的特征向量进行相似权重计算，但矩阵向量化会破坏图像的结构信息。Liu 等将 NLM 算法和拉普拉斯金字塔相结合，同时，在有效求和平方图像(Sum Squared Image，SSI)和快速傅立叶变换(FFT)的基础上，提出了一种加速算法来突破 NLM 相似性计算的瓶颈。Dauwe 等考虑到 NLM 中相似结构权值的对称性，降低了权值的计算量。Darbon 等提出了一种用于电子低温显微镜的快速非局部均值滤波算法(FNLM)，基于邻域滤波的可分离性，在通过减少一层嵌套循环降低欧氏距离计算复杂度的同时，为现代共享内存计算机体系结构提供了一种快速并行和矢量化的实现。

由于轴承振动信号中也存在大量冗余信息，近年来在滚动轴承故障诊断领域也开始获得应用。Li 等提出了一种通过果蝇优化算法(Fruit Fly Optimization Algorithm，FOA)对 NLM 进行参数优化，并结合 Teager 能量算子(TEO)对轴承故障特征进行有效提取。Laha 等根据信号最大峭度值选定 NLM 算法的参数，提出了基于改进 NLM 降噪算法的轴承故障诊断方法。Chen 等分析了轴承振动信号本质特征，对 NLM 邻域选择和加权函数进行改进，提出了改进非局部均值的风电机轴承故障诊断方法。熊国良等将谱峭度(Spectral Kurtosis，SK)与 NLM 权重包络谱联合，取得了良好的轴承故障诊断结果。

NLM 算法虽然以其优良的降噪性能已成功应用于滚动轴承的故障诊断中，但仍处于初级阶段，且鲜有考虑其计算的复杂性和快速性问题。这也是本书提出基于快速 NLM 算法的轴承故障诊断方法的原因。

1.3.2　特征增强方法的研究现状

代表性的特征增强方法包括基于信号变换的特征增强、基于最小熵反褶积的特征增强、基于随机共振的特征增强、频谱融合特征增强、基于 Boosting 技术的特征增强等。

1. 基于信号变换的特征增强

基于信号变换的特征增强是指通过一定的信号变换技术，包括描述域变换和维数变换，将信号从一种形式转换为另一种形式，以突出有用信息。张云强等将轴承振动信号变换为双时域二维时间序列，根据双时域变换的能量分布特点，提取二维时间序列的主对角元素获得故障特征增强的时域振动信号。何玉灵等提出一种基于特征频率信号能量占比最大的正弦结构元素自适应 Top - Hat 变换方法，实现了对发电机特征振动信号的增强检测。但该方法受到信号变换技术的限制。如基于小波包分解的信号增强与小波变换存在类似的问题，即难以确定小波基和滤波阈值。基于 Top - Hat 变换的信号增强在使用时门限较高，对信噪比要求较高。

2. 基于最小熵反褶积的特征增强

最小熵反褶积(MED)及其改进的算法如：最大相关峰度反褶积(MCKD)、多点最优最小熵调整反褶积(MOMEDA)、最大相关峰度反褶积(MCKD)和最大二阶循环平稳盲反褶积(CYCBD)等，通过增强目标信号中的脉冲特征以达到设计最优滤波器的要求，被广泛应用于滚动轴承故障诊断中。陈丙炎等采用振动信号平方包络的自相关谱自适应地识别故障脉冲周期，对振动信号解卷积以增强周期性脉冲特征。Miao 等通过计算包络信号的自相关性估计迭代周期提出了改进的最大相关峰度反褶积(IMCKD)能更有效地增强轴承故障特征。Chen 等通过周期检测技术自适应地识别重复脉冲的周期，辅助盲反褶积增强轴承故障特征。反褶积法由于对某些特殊干扰如大的单个脉冲和随机干扰敏感，只在特定情况下有效。虽然其改进算法可以弥补一些不足，但通常以牺牲效率为代价或只关注特定的对象，不利于推广。

3. 基于随机共振的特征增强

随机共振(SR)利用了非线性系统的一些特殊性质，在一定条件下将噪声的部分能量转化为信号能量，从而增强特征信号。周易文等将部分背景噪声能量转移到滚动轴承早期微弱故障信号特征上，实现了早期微弱故障特征的增强。Wang 等提出了一种基于噪声辅助信号特征增强和随机共振的滚动轴承早期故障诊断方法。该方法通过粒子群优化算法实现 Duffing 振动子系统与输入信号和噪声的最优匹配，从而提高 SR 的效果。Li 等构建了 SR 输出中主成分与残差的信噪比(SNR)，定量衡量 SR 方法的增强效果。该方法最大的特点是利用噪声增强了有用信息，避免了降噪导致的部分有用信息丢失，但在处理高幅、高频信号时表现不佳。

4. 频谱融合特征增强

频谱融合特征增强方法以图像处理的相关理论为基础，通过灰度校正、图像平滑、图像锐化等方法对图像进行增强，实现弱故障特征提取。Chen 等采用频谱平均可以削弱轴承故障信号中的随机成分，增强故障特征谱线的清晰度。Li 等通过谐波求和搜索和频域候选融合运算提取频域信号脊，将校正后的时频图像同步压缩为更清晰的谱线，分别识别出旋转频率和缺陷特征频率。Tran 等采用灰度变换和主成分分析融合技术对机器状态下热图像分解的 IMF 进行扩展和融合，形成增强图像；然后对增强后的图像进行特征提取。该方法受时频谱质量的限制，而现有时频分析技术所获得的频谱不能同时达到高时频分辨率、低交叉项干扰和高噪声容限。

5. 基于 Boosting 技术的特征增强

SOS Boosting 技术是 Romano 和 Elad 提出的另一种图像增强技术，他们建议通过将降噪信号加到有噪声的输入信号中，对增强的信号进行降噪运算；然后从恢复的信号增强的结果中减去之前加入的降噪信号增强基础信号；最后重复这些步骤以获得一个精确的估计。然而，SOS 在递归增强的过程中，第一次降噪结果中剩余的噪声也逐渐增强。

1.3.3 解调方法的研究现状

滚动轴承元件表面出现局部缺陷或损伤时，其综合振动波形将呈现为高频固有振动载波幅值受低频故障冲击力的调制。利用合适的解调方法，将缺陷对应的故障特征频率从振动信号中提取出来并对其强度和频次进行分析，便可对轴承损伤的程度和部位做出判断。目前常见的解调技术主要有希尔伯特(Hilbert)变换解调、广义检波滤波解调以及能量算子解调。其中，广义检波滤波解调由于容易出现混频现象，对采样频率的选择有限制，目前使用较少。现只对 Hilbert 变换解调和能量算子解调进行简单回顾。

1. Hilbert 变换解调

Hilbert 变换解调是一种将时域实信号变换为以实信号本身为实部、以其 Hilbert 变换为虚部的复解析信号的方法。由于 Hilbert 变换解调经过了包络处理，获得的特征信息光滑、平缓，因此得到了广泛应用。Wei S 等采用一种改进 EEMD 和 Hilbert 包络解调相结合的方法对轴箱轴承故障类型进行了分析。杨武成将阶次跟踪与 Hilbert 变换解调技术相结合，有效提取了风力发电机组传动链时变工况下的故障特征频率。Wu 等提出了一种基于频域峭度与 Hilbert 谱的滚动轴承故障诊断方法，并在模拟器上验证了该方法不仅能有效降噪，而且能够有效检测和表征信号中的故障成分。Wang 等针对轴承故障信号的非平稳、模糊和非线性等问题，提出了一种基于希尔伯特变换的数字包络分析方法，实验结果表明，该方法能较好地诊断出故障类型和故障位置，具有较高的灵敏度。

尽管基于 Hilbert 变换的解调技术可以有效地实现滚动轴承的故障诊断，但也存在容易产生端点效应、计算复杂和实时性欠佳等局限性。

2. 能量算子解调

1990 年，Teager 在研究语音信号的线性建模中发现一种非线性能量算子即 Teager 能量算子(Teager Energy Operator，TEO)，是用于调幅 – 调频(Amplitude Modulation – Frequency Modulation，AM – FM)信号解调的能量分离算法的核心。Kaiser 和 Maragos 完善并拓展了 Teager 能量算子，分析出解调过程中存在的误差，利用其对单频信号的幅值和频率进行估计，并进一步推导出多种差分能量算子

(DESA－1a、DESA－1、DESA－2 等)。随后，国内外众多学者对能量算子进行改进和推广，并在机械故障诊断中得到成功应用。Feldman M 基于 Hilbert 变换和 Teager 能量算子的思想，提出了解析能量算子(Analytic Energy Operator，AEO)。Maragos P 等提出了一种估计信号与其导数之间的交叉能量的高阶能量算子。随后，Iem B G 指出 3 阶和 4 阶的高阶能量算子具有更优秀的幅值和频率追踪性能及噪声鲁棒性，同时还可以有效提高信号的信号干扰比(Signal－to－Interference Ratio，SIR)。Faghidi H 利用解析信号实部和虚部的信息，提出了一种增强的解析能量算子——高阶解析能量算子(HO－AEO)，该方法进一步提高了信号的信噪比(Signal－to－Noise Ratio，SNR)并在复杂背景下提取出了轴承故障特征。孟宗等针对传统能量算子解调方法信号波形光滑度及频率估计准确度较低的问题，用对称差分序列代替前/后向差分序列，提出了对称差分能量算子(SD－EO)，并指出该算子可以对输出信号起到平滑滤波的作用，从而提高解调的精确度。Zhao 等将 Teager 能量算子与 VMD 方法相结合，成功地应用在风力发电机组轴承的故障诊断中。Zhang 等针对齿轮箱的复合故障信号复杂，无法直接通过解调分析进行诊断，提出了一种基于最优共振分量能量算子解调的新方法。Sun 等利用改进的固有时间尺度分解(IITD)和能量算子相结合的方法，实现了具有复杂结构的行星齿轮箱时变工况下的故障诊断。

1.3.4 早期微弱故障诊断的研究现状

故障特征快速提取在轴承故障诊断中起着至关重要的作用，为故障检测和故障类型识别提供了客观依据。然而，在故障早期阶段，故障缺陷较小，故障冲击信号的幅值和能量较弱，容易被背景噪声和振动干扰掩盖，从而使故障特征提取难度增大。这一局限性，激发了众多学者对早期微弱故障诊断的热情，相继提出了多种有效的新方法。Kumar 等提出了一种基于 Hilbert 包络和零频率谐振器的微弱故障冲击检测方法。Shang 等提出了一种基于平移不变稀疏编码(Shift Invariant Sparse Coding，SISC)的滚动轴承早期故障弱周期信号特征提取方法。Yong L 等提出了一种基于自适应噪声的完全集成经验模态分解(CEEMDAN)和改进的多尺度样本熵(Multivariate Multiscale Sample Entropy，MMSE)的滚动轴承健康退化监测及早期故障诊断方法。Lu 等提出了一种基于双树小波变换(Dual－Tree Wavelet Transform，DTWT)分解与优化形态分量分析(Morphological Component Analysis，MCA)的联合方法，并将其成功应用于滚动轴承早微故障特征的提取。Li 等充分利用经验小波变换(EWT)和 VMD 两种方法的优点，提出了一种基于多层重构滤波的滚动轴承早期微弱故障诊断方法。杨超等提出了一种灰色关联度与 Teager 能量算子的联合方法，并成功应用于滚动轴承早期微弱故障诊断。

研究滚动轴承早期微弱故障诊断方法可以掌握轴承性能退化过程以及故障的动态演变过程，从而实现对机械设备运行状态的实时监测。尽管目前滚动轴承早期微弱故障诊断技术大量涌现，但对于早期微弱故障特征的提取依然是一大技术难点。尤其是当出现多种复合故障时，多噪源干扰与复合故障相互耦合，弱故障更容易被噪声干扰和强故障特征掩盖，造成漏诊、误诊。

2 基于 IFNLM 和 SHO – AEO 的轴承故障特征快速提取

滚动轴承的实际运行工况复杂多变，振动信号易受环境和传递路径的影响，导致轴承原始振动信号中常混有大量背景噪声，如果不对信号进行降噪处理而直接分析，可能导致特征提取结果出现较大误差。因此，为了优化原始信号的信噪比、提取出“更加纯净”的故障特征，在轴承故障诊断过程中首先需要对原始振动信号进行降噪预处理。

2.1 NLM 降噪算法

近年来提出并在轴承故障诊断领域中得到有效应用的降噪算法，如稀疏分解降噪、小波阈值降噪、自适应分解降噪、中值滤波降噪等都是对信号点的局部平均或是对信号本身数学函数的分解，缺乏对信号的全局掌握。非局部均值(Non – Local Means，NLM)是在图像领域兴起的降噪算法，不再局限于邻域计算处理而是拓展到整个信号搜索区域，利用图像中存在的大量重复冗余信息，通过建立基于结构相似性的加权均值模型来对原始图像进行恢复，弥补了传统降噪算法的不足。考虑到滚动轴承故障脉冲信号以及轴承转频等信息周期性出现，同时噪声是随机叠加的，因此也可以将 NLM 算法应用到滚动轴承故障诊断领域，即以信号各采样点为中心构建目标结构块，在全局范围内尽可能地搜索目标块的全部相似块信息，并对这些相似块信息进行加权平均，便可实现一维机械振动信号的降噪。

设 $x(t)$ 为被检测的故障冲击信号、$n(t)$ 为噪声干扰、$y(t)$ 为实测故障振动信号，则滚动轴承振动信号模型可表示为：

$$y(t) = x(t) + n(t) \tag{2-1}$$

NLM 降噪的目的是消除原始振动信号 $y(t)$ 中的噪声分量 $n(t)$ 以获得故障冲击分量 $x(t)$ 的估计。故障冲击的估计用 $\tilde{x}(t)$ 表示，可由以下加权平均公式得到：

$$\tilde{x}(t) = \frac{1}{Z(t)} \sum_{s \in \mathbb{N}(t)} \omega(t,s) y(t) \tag{2-2}$$

式中，$\mathbb{N}(t)$为以样本点 t 为中心的搜索区域；$Z(t) = \sum_{s \in \mathbb{N}(t)} \omega(t, s)$为归一化因子，表示所有相似结构块的相似程度之和。

$\omega(t, s)$表示信号中某一以 s 为中心的相似块与以 t 为中心的目标块之间的权重，为：

$$\omega(t, s) = \exp\left\{-\frac{\sum_{\delta \in \Delta} G_\sigma \left[y(t+\delta) - y(s+\delta)\right]^2}{2L_\Delta \lambda^2}\right\} = \exp\left[-\frac{d(t, s)}{h^2}\right] \tag{2-3}$$

式中，Δ 为以 t 为中心的目标结构块；L_Δ 为以 s 为中心的相似结构块；G_σ 为方差 σ 的高斯核；$d(t, s)$为两者的相似程度，即以 s 为中心的相似结构块与以 t 为中心的目标结构块间的高斯加权欧氏距离的平方，且相似度随着高斯加权欧氏距离的减小而增大；参数 h 控制权重 $\omega(t, s)$的衰减速度并决定算法滤波程度。

2.2 改进的快速 NLM 降噪算法

虽然 NLM 降噪性能相较于传统降噪算法有所提高，但是过高的计算复杂度和相似权重分配的合理性极大地限制了其发展和应用。常用的 NLM 加速算法如积分图法、SVD 投影法、预分类法等，在降低时间复杂度的同时能较大程度地影响 NLM 的降噪质量。而 Darbon 等提出的用于电子低温显微镜的快速非局部均值滤波算法（FNLM），基于邻域滤波的可分离性，在通过减少一层嵌套循环降低欧氏距离计算复杂度的同时，为现代共享内存计算机体系结构提供了一种快速并行和矢量化的实现途径，在不影响 NLM 降噪性能的同时弥补了 NLM 算法计算复杂度高、速度慢的缺陷。算法的复杂度主要取决于权值计算的复杂度，权值又是关于相似度量的函数。因此，算法的优化主要在于提高相似性度量的准确性和对核函数的改进。本节在 Darbon 提出的 FNLM 算法的基础上，对相似度衡量标准和理想核函数进行优化和改进，进一步增强降噪性能、降低计算复杂度、提高快速性能。

2.2.1 相似性度量标准的优化

NLM 算法在相似性的衡量上，采用了高斯加权的欧氏距离的平方作为评价标准。其定义如下：

$$D(t,s) = \| y(t+\delta) - y(s+\delta) \|_{2,\sigma}^{2} = \sum_{\delta\in\Delta} G_{\sigma}[y(t+\delta) - y(s+\delta)]^2 \tag{2-4}$$

相关研究表明相似度度量采用高斯加权系数 G_{σ} 与否并不影响最优的降噪结果，且会增加计算的复杂度，因此，此处采用的相似度衡量指标忽略高斯加权系数 G_{σ}。受欧几里得中值(Non-Local Euclidean Medians，NLEM)滤波去除强高斯噪声的鲁棒性的启发，此处采用欧几里得范数取代欧几里得范数的平方。改进后的相似性衡量标准定义为：

$$d(t,s) = \| y(t+\delta) - y(s+\delta) \|_{2} = \sqrt{\sum_{\delta\in\Delta}[y(t+\delta) - y(s+\delta)]^2} \tag{2-5}$$

定义 S_{d_x} 为信号的离散差异；计算步长为 d_x，则有：

$$S_{d_x} = \sum_{k=0}^{P}[y(k) - y(k+d_x)]^2 \tag{2-6}$$

其中：

$$d_x = s - t, \quad q = t + \delta \tag{2-7}$$

则 $d^2(t, s)$ 可以表示为：

$$d^2(t,s) = \sum_{t-P}^{t+P}[y(q) - y(q+d_x)]^2 \tag{2-8}$$

联立式(2-6)和式(2-8)有：

$$d^2(t, s) = S_{d_x}(t+P) - S_{d_x}(t-P) \tag{2-9}$$

$$d(t, s) = \sqrt{S_{d_x}(t+P) - S_{d_x}(t-P)} \tag{2-10}$$

由于以 t 为中心的目标相似块离散差异 S_{d_x} 是已知的，与 s 无关，则相似距离的计算相当于减少了一层嵌套循环。这样就可以在整体上降低运算复杂度，减少该算法的计算时间。

注意：定义搜索区域大小 $\mathbb{N}(t) = [-M, M]$，相似结构块的大小 $\Delta = [-P, P]$。由于搜索窗 $\mathbb{N}(t)$ 之外的值对 $\tilde{x}(t)$ 没有贡献，因此，可以将搜索区域分割成独立的互不相交的部分，并运用向量的方法并行地处理，实现算法的加速而不影响计算结果。

此外，此处还考虑了距离的对称性，即 $d(t, s) = d(s, t)$，对任意两个相似结构块的距离仅做一次计算，将权值计算的复杂度降低近一半，从而提高算法的效率。

2.2.2 改进的核函数

权值分配的合理性是决定 NLM 降噪效果的关键。在结构块相似度较高时，对于带噪信号，较小的欧氏距离的变化一般是由噪声(而并非自身结构差异)引起的。因此，在相似度较高即欧氏距离较小的一定范围内，相似结构块的权值应随欧氏距离的增加缓慢下降；而相似度较低的结构块不仅会增加算法的计算复杂度还会降低算法的降噪性能，因此，在相似度较低即欧氏距离较大时分配的权值应迅速趋于 0。加权核函数就是根据相似性的大小为相似结构块分配权值的。NLM 是通过式(2-3)表示的指数型核函数计算权值的，其函数曲线绘制在图 2-1 中。从图 2-1 中可以看出，权重系数的衰减速度随着欧氏距离的减小而减缓，使得在相似度较大的一些相似结构块获得的权值较小；相似度较小的一些相似结构块仍能获得一定的权值，但显然不能得到合理的权值分配和满意的降噪结果。因此，王银杰在采用 NLM 对图像处理的过程中提出了一种新型的核函数，表达式如下：

$$\omega(t,\ s)=\frac{1}{\sqrt{1+[d(t,\ s)/h^2]^8}} \tag{2-11}$$

其响应函数曲线亦绘于图 2-1 中，从图 2-1 中可以看出，在相似块的欧氏距离较小时，权值分配较高。而在欧氏距离从大到小的变化过程中，由参数 h 控制的衰减速度极快，因此在相似块的欧氏距离较大时权值迅速接近于 0。显然，新的核函数突出了相似度高的结构块对估计值的贡献，抑制了相似度低的结构块对估计值的影响，在提高算法的降噪性能的同时再一次减小了权值的计算量。此外，相似度大小的分界点可由滤波参数 h 调整，具有良好的噪声鲁棒性。但在高相似度阶段，新型核函数虽然保持了较高的权值，但可区分性过小，从而导致过度加权。

文献[134]中对多种权值核函数进行了介绍，并指出 Turkey 型核函数[式(2-12)]可以提高 NLM 的降噪性能。为了增强高相似度阶段的区分度，现对 Turkey 型核函数做了修正，修正的核函数如式(2-13)所示。

$$\omega(t,\ s)=\begin{cases}\dfrac{1}{2}\left[1-\dfrac{d(t,\ s)}{h^2}\right]^2 & 0<d(t,\ s)<h\\ 0 & \text{其他}\end{cases} \tag{2-12}$$

$$\omega(t,\ s)=\begin{cases}\left[1-\dfrac{d(t,\ s)}{h^2}\right]^4 & 0<d(t,\ s)<h\\ 0 & \text{其他}\end{cases} \tag{2-13}$$

因此，这里对修正的 Turkey 型核函数及式(2－11)所表示的新型核函数进行优势互补，提出了一种改进的核函数，其表达式如下：

$$\omega(t,s)=\begin{cases}\dfrac{\left[1-\dfrac{d(t,s)}{{h_2}^2}\right]^4}{\sqrt{1+[d(t,s)/h]^8}} & 0<d(t,s)<h_2 \\ 0 & 其他\end{cases} \tag{2-14}$$

亦将此改进核函数对欧氏距离的响应曲线绘于图 2－1 中，则可清晰、方便地对此几种核函数进行比较。

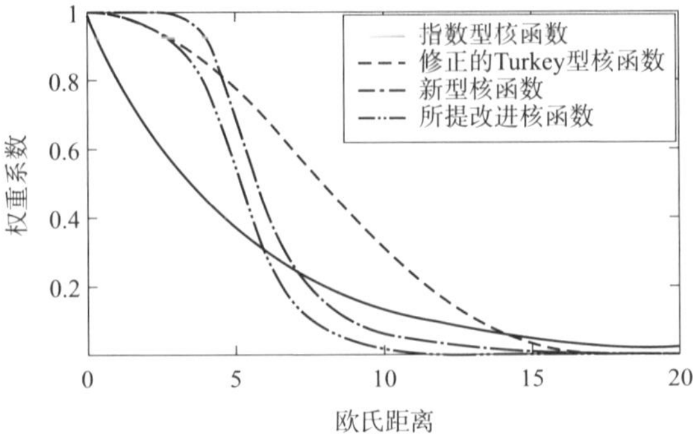

图 2－1　核函数响应曲线对比图

从核函数响应曲线对比图中可以看出，所提改进核函数在欧氏距离较小，即相似度较高时权重系数较大，且克服了新型核函数权值区分度较小、过度加权的问题；在欧氏距离较大，即相似度较低时权重系数较小，避免了相似度较小的相似结构块的加权，进一步降低了运算复杂度。

综上，FNLM 相较于 NLM 经过了 2 次加速，即：①在欧氏距离的计算时减少一层嵌套循环；②运用向量的方法实现算法的并行加速。而本章提出的 IFNLM 算法相较于 FNLM 又经过了 3 次加速，分别为：①通过不带高斯加权系数 G_σ 的欧氏距离来衡量相似度；②考虑到 $d(t,s)=d(s,t)$，即距离具有对称性，对任意两个相似结构块的距离仅做一次计算；③使用新型加权核函数，减少了低相似度权值的计算。

基于优化后的相似性度量指标和改进核函数的快速非局部均值滤波(Improved Fast Non－Local Means，IFNLM)对原始故障冲击信号 $x(t)$ 的估计结果可以表示为：

$$\tilde{x}(t)=\frac{\sum_{s\in\mathbb{N}(t)}\frac{[1-\sqrt{S_{d_x}(t+P)-S_{d_x}(t-P)}/h_2{}^2]^4}{\sqrt{1+(\sqrt{S_{d_x}(t+P)-S_{d_x}(t-P)}/h)}^8}\cdot y(t)}{\sum_{s\in\mathbb{N}(t)}\frac{[1-\sqrt{S_{d_x}(t+P)-S_{d_x}(t-P)}/h_2{}^2]^4}{\sqrt{1+(\sqrt{S_{d_x}(t+P)-S_{d_x}(t-P)}/h)}^8}} \quad (2-15)$$

2.2.3 IFNLM 基本参数设置

改进的快速非局部均值(IFNLM)滤波的降噪性能在一定程度上依赖其参数的选取，对于一维机械振动信号决定降噪性能的三个主要参数为搜索区域半宽 M（搜索区域 $N(t)=[-M, M]$）、相似窗半宽 P（相似结构块 $\Delta=[-P, P]$）、滤波器参数 h 和 h_2。假设目标恢复结构块为 A，搜索域内 A 的相似结构块记为 B，则目标块 A 中心点 t 的估计可以通过 B 的 $\omega(t, s)$ 加权平均计算获得。IFNLM 算法的参数示意图如图 2-2 所示。

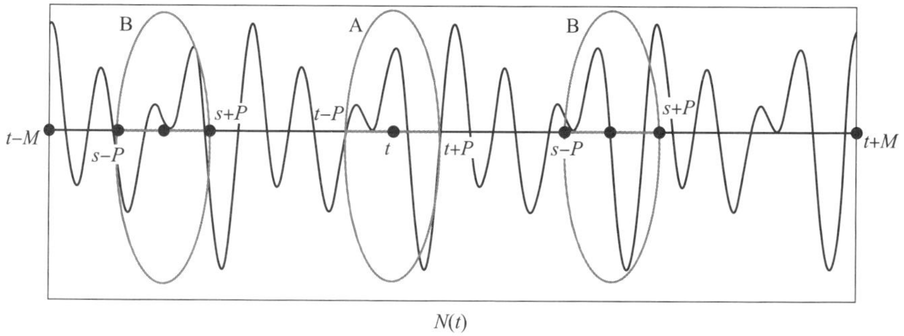

图 2-2　IFNLM 算法的参数示意图

结构块半宽 P 控制着相似窗口的大小。如果 P 值太大，结构块信息复杂，相似结构块较少，将导致参与平均的结构块冗余信息不足，平均不充分，难以对细节恢复。如果 P 值太小，产生大量需要计算权重的结构块，计算复杂度增加。小结构块虽能表征信号的局部细节，但对噪声比较敏感。对于一维机械振动信号，为使得结构块与信号波形特征信息相匹配，这里将半宽 P 设置为轴承振动信号故障冲击成分的一半，即：

$$P=\text{int}\left[\frac{1}{2}\left(\frac{f_s}{f_c}-1\right)\right] \quad (2-16)$$

式中，f_s 为采样频率；f_c 为典型波形频率，对于滚动轴承振动信号即为理论故障特征频率；int 为取整。

搜索域式$(t)=2M+1$，如果 M 取值越大滤波效果就越好，相应地搜索时间和计算量也会增大。对于信号长度较小($L<4000$)时，M 可取最大值，最大限度地利用信号自身的冗余信息。然而当信号长度较大($L>4000$)时，为在获得充足冗余信息的同时降低计算量，M 的取值范围为0.25～0.35L，以保证搜索域式(t)不能小于信号长度的一半，同时限定式(t)不大于信号长度的2/3。

h 表示滤波器参数，其作用是控制降噪的程度。若 h 值太小，则降噪不完全；若该值太大，会产生过度平滑，致使信号细节丢失。其值取 $h=\lambda\sqrt{2L_{\Delta}}$；此处，根据 SURE 准则，选滤波参数取 $\lambda=0.55\sigma$，σ 为噪声标准差。IFNLM 算法的核函数在 NLM 核函数滤波参数 h 的基础上又增加了一个 Turkey 系数 h_2，从而可以在不同噪声水平下都能获得较好的降噪效果，提高降噪性能。

2.2.4 IFNLM 算法的性能分析

为了评估所提快速非局部均值(IFNLM)算法的性能，本节使用一个在100Hz、带通40%、重复频率10Hz，并带有随机噪声的周期高斯脉冲信号进行分析。信号的采样频率为100kHz，脉冲序列宽度为1s。复合信号及高斯脉冲序列如图2-3所示。可以看出，复合信号由噪声主导，高斯脉冲序列几乎完全掩盖在其中。

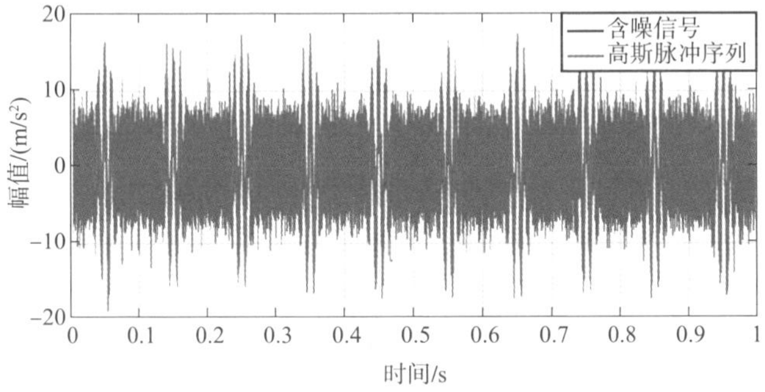

图2-3 含噪高斯脉冲信号

采用本次研究所提的 IFNLM 滤波算法对复合信号进行滤波降噪处理，为了验证 IFNLM 的有效性和优越性，同时采用常用的两种快速滤波算法——中值滤波(Median Filter)和小波阈值降噪(Wavelet Threshold Denoising)与所提 IFNLM 方法进行比较，考虑到 IFNLM 是在 FNLM 方法上改进的，因此，也采用 FNLM 对原始信号进行分析，并与所提方法进行比较。在降噪过程中，中值滤波的唯一参数窗长 W 选为30；小波阈值滤波中采用最优预测变量阈值选择，软阈值降噪法，选取 sym3 小波基函数，将分解层数设置为5；FNLM 和 IFNLM 选择结构块半宽

P 为 100，搜索区域半宽 M 为 8000，滤波器参数 λ 设置为 1。降噪后的结果如图 2－4 所示。

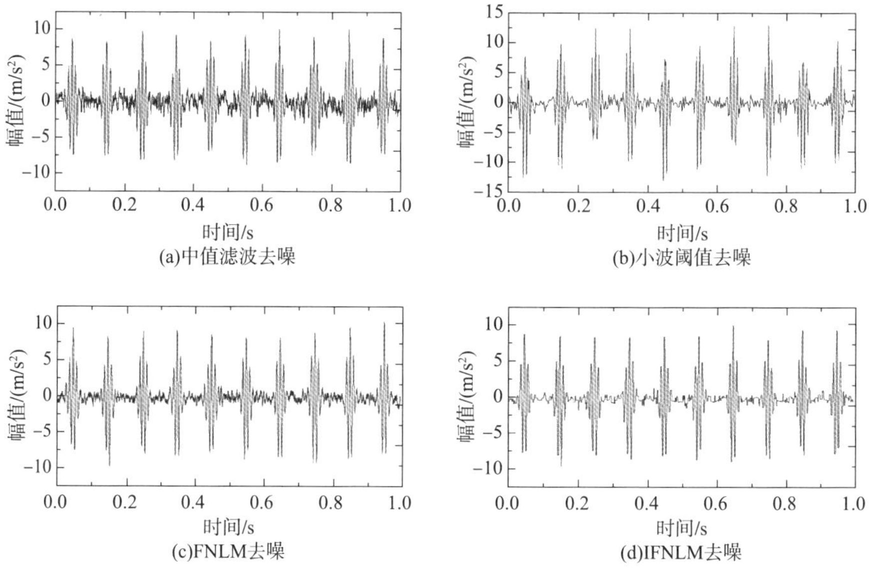

图 2－4　降噪后的信号

显然，四种方法都可以滤掉大量噪声，突出高斯脉冲序列。中值滤波降噪后剩余噪声最多，小波阈值降噪后波形失真严重，FNLM 和 IFNLM 降噪后的高斯脉冲序列更纯净，失真度较小。为了定量比较四种滤波方法的降噪性能，引入信噪比（SNR）和平均绝对误差（MAE）两个信号降噪评价指标。

信噪比（SNR）的定义为：

$$\mathrm{SNR} = 10\lg \frac{\sum_{n=0}^{N-1} |s(n)|^2}{\sum_{n=0}^{N-1} |\hat{s}(n) - s(n)|^2} \tag{2-17}$$

平均绝对误差（MAE）定义为：

$$\mathrm{MAE} = \sum_{n=1}^{N} |\hat{s}(n) - s(n)| / N \tag{2-18}$$

式中，$s(n)$ 为原始信号，$\hat{s}(n)$ 为降噪信号，N 为信号的长度。

计算原始复合信号和四种方法滤波降噪后信号的 SNR 和 MAE，结果如表 2－1 所示。显然，四种方法均能很大程度地提高信号的信噪比，其中 IFNLM 方法相较于中值滤波和小波阈值法和 FNLM，降噪后的信号具有较高的 SNR 和较小的 MAE。可见所提 IFNLM 算法能达到更优良的滤波精度和降噪效果。

表 2-1 几种降噪方法的 SNR 和 MAE

性能测定指标	原始信号	中值滤波	小波阈值法	FNLM	IFNLM
SNR	-2	9.9413	10.3051	13.2329	14.4600
MAE	2.8926	0.7286	0.7015	0.5072	0.4449

为了更全面地比较，在下面的测试中将从 -5dB 到 15dB 信噪比的白噪声依次加到原始高斯脉冲序列中，以 MAE 为量化指标，考察中值滤波、小波阈值滤波、FNLM 和 IFNLM 在不同的噪声环境下的降噪性能。结果如图 2-5 所示。可以看出，IFNLM 在各种信噪比下都有较高的滤波精度，尤其在低信噪比时依然有良好的鲁棒性。

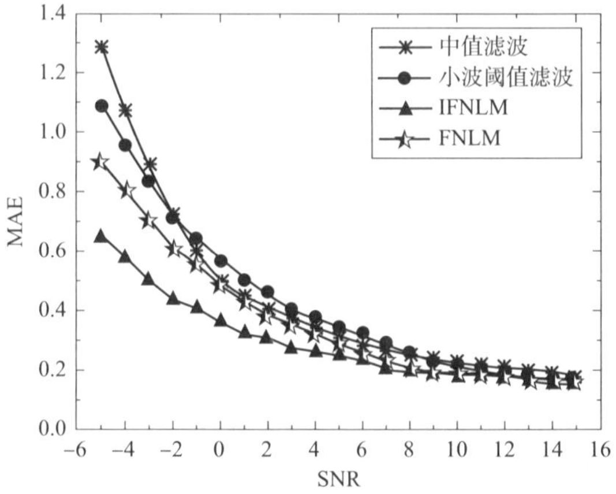

图 2-5 不同 SNR 下各种滤波方法的 MAE

如前所述，中值滤波、小波阈值滤波、FNLM 和 IFNLM 方法都具有较高的计算效率。为了证实这一特性，取 50000 个采样点，实验在一台配置为主频 1.8GHz，8G 内存(RAM)，处理器为 Intel(R) Core(TM)i5 -8265U(CPU)和 Windows10 操作系统的计算机上进行。运行时间计算结果如表 2-2 所示。

表 2-2 四种滤波方法的运行时间

滤波算法	中值滤波	小波阈值滤波	FNLM	IFNLM
时间/s	0.2053	0.5932	0.2031	0.0508

从表 2-2 中可以看出，四种方法运行时间都在 1s 以内，都可以作为轴承故障在线诊断的候选者。其中，改进的算法 IFNLM 比改进前 FNLM 算法的运行速度提高了 75.0%，所用时间是中值滤波方法的 24.7%，是小波阈值滤波算法的 8.6%，具有最优的运行效率。

2.3 基本能量算子回顾

滚动轴承故障信号通常为调幅-调频信号，若要提取其故障特征频率，在进行滤波预处理之后，还需对其进行解调处理。能量算子能够有效追踪信号的瞬时幅值(IF)和瞬时频率(IA)信息，是信号处理中快捷有效的解调方法。现对几种基本能量算子进行简单回顾。

2.3.1 Teager 能量算子

Teager 能量算子是 Teager 对窄带语音信号能量计算和追踪时提出的算法，一般记作 Ψ。

对于连续实信号 $x(t)$；Teager 能量算子(TEO) $\Psi[x(t)]$定义为：

$$\Psi[x(t)]=[x'(t)]^2-x(t)x''(t) \tag{2-19}$$

式中，$x'(t)$、$x''(t)$分别为 $x(t)$的一阶微分和二阶微分。

对于离散信号 $x(n)$，其时间导数用前向差分逼近，有：

$$\frac{\mathrm{d}x(t)}{\mathrm{d}t}\mapsto \dot{x}(n)=x(n)-x(n-1) \tag{2-20}$$

$$\frac{\mathrm{d}^2x(t)}{\mathrm{d}t^2}\mapsto \ddot{x}(n)=x(n)-2x(n-1)+x(n-2) \tag{2-21}$$

将式(2-20)、式(2-21)代入式(2-19)，得到离散形式的 TEO 为：

$$\Psi[x(n)]=x^2(n-1)-x(n)x(n-2) \tag{2-22}$$

其时间导数用后向差分来逼近，有：

$$\frac{\mathrm{d}x(t)}{\mathrm{d}t}\mapsto \dot{x}(n)=x(n+1)-x(n) \tag{2-23}$$

$$\frac{\mathrm{d}^2x(t)}{\mathrm{d}t^2}\mapsto \ddot{x}(n)=x(n+2)-2x(n+1)+x(n) \tag{2-24}$$

将式(2-23)、式(2-24)代入式(2-19)，TEO 的离散形式为：

$$\Psi[x(n)]=x^2(n+1)-x(n)x(n+2) \tag{2-25}$$

对比式(2-25)和式(2-22)，忽略一个采样点的移动，有：

$$\Psi[x(n)]=x^2(n)-x(n-1)x(n+1) \tag{2-26}$$

其瞬时频率和瞬时幅值离散形式可以表示为：

$$\Omega(n)=\arccos\left(1-\frac{\Psi[x(n)-x(n-1)]}{2\Psi[x(n)]}\right) \tag{2-27}$$

$$|a(n)| = \sqrt{\frac{\Psi[x(n)]}{1-\left\{1-\frac{\Psi[x(n)-x(n-1)]}{2\Psi[x(n)]}\right\}^2}} \tag{2-28}$$

从 TEO 的离散形式可以看出，只需要三个采样点便能计算信号在任意时刻 n 处的能量。因此，对计算机资源的使用率极低，对信号的瞬时变化具有良好的追踪能力，能够检测信号中的瞬态分量。但对强背景噪声非常敏感，存在误差项，解调精度较低，输出信号不够平滑，瞬时频率和幅值在端点和突变点处会出现波动。

2.3.2 对称差分能量算子(SDEO)

为了提高信号的光滑性、解调频率的准确性以及瞬时频率和幅值对突变点的鲁棒性，用以下对称差分序列 $y(n)$ 代替 TEO 中的前/后向差分序列：

$$y(n) = \frac{[x(n+1)-x(n)]+[x(n)-x(n-1)]}{2} = \frac{x(n+1)-x(n-1)}{2} \tag{2-29}$$

则 $y(n)$ 的差分序列为：

$$\tilde{y}(n) = \frac{x(n+2)-2x(n)+x(n-2)}{4} \tag{2-30}$$

将式(2-27)、式(2-28)代入式(2-17)中即可得到一种新的能量算子，即对称差分能量算子，用 $Y[x(n)]$ 表示为：

$$Y[x(n)] = \frac{\Psi[x(n+1)]+2\Psi[x(n)]+\Psi[x(n-1)]}{4} \tag{2-31}$$

使用传递函数 $H(z)=z(1+z^1+z^2)$ 对对称差分能量算子 $Y[x(n)]$ 进行求解，得到信号 $x(n)$ 的瞬时幅值和频率的估计值为：

$$a(n) \approx \frac{2\Psi[x(n)]}{\sqrt{\Psi[(n+1)-x(n-1)]}} \tag{2-32}$$

$$\omega(n) \approx \frac{1}{2}\arccos\left[1-\frac{\Psi[x(n+1)-x(n-1)]}{4\Psi[x(n)]}\right] \tag{2-33}$$

2.3.3 解析能量算子(AEO)

解析能量算子(Analytic Energy Operator，AEO)的概念是由解析信号发展而来的。对时变幅值和时变相位分别为 $a(t)$ 和 $\varphi(t)$ 的单分量的调幅调频(AM-FM)信号 $x(t)$，表达式为：

$$x(t) = a(t)\cos\varphi(t) \tag{2-34}$$

其解析形式为：

$$x(t)=|x(t)|[\cos\varphi(t)+j\sin\varphi(t)]=a(t)\mathrm{e}^{j\varphi(t)} \tag{2-35}$$

则瞬时振幅 $a(t)$ 可以表示为：

$$a(t)=\pm|x(t)|=\sqrt{x^2(t)+\hat{x}^2(t)} \tag{2-36}$$

瞬时相位 $\varphi(t)$ 可表示为：

$$\varphi(t)=\arctan\frac{\hat{x}(t)}{x(t)} \tag{2-37}$$

式中，$\hat{x}$ 表示 $x(t)$ 的希尔伯特变换。

瞬时频率可用瞬时相位的一阶导数表示，即：

$$\omega(t)=\varphi'(t)=\frac{x'(t)\hat{x}(t)-x(t)\hat{x}'(t)}{a^2(t)} \tag{2-38}$$

因此有，

$$x'(t)\hat{x}(t)-x(t)\hat{x}'(t)=a^2(t)\omega(t) \tag{2-39}$$

包括幅度解调和频率解调，因此被称为解析能量算子(AEO)，可用 $\Gamma[x(t)]$ 表示为：

$$\Gamma[x(t)]=x'(t)\hat{x}(t)-x(t)\hat{x}'(t) \tag{2-40}$$

式中，$x'(t)$ 信号为 $x(t)$ 的一阶导数；$\hat{x}'(t)$ 为 $x(t)$ 的希尔伯特变换的一阶导数。

可见，与 TEO 不同，AEO 不存在误差项，不受 TEO 使用条件的限制，具有满意的解调精度。其离散形式可写为：

$$\Gamma[x(n)]=\dot{x}(n)h[x(n)]-x(n)h[\dot{x}(n)] \tag{2-41}$$

其瞬时频率和瞬时幅值可以表示为：

$$\omega(n)=\arccos\left(1-\frac{\Gamma[x(n)-x(n-1)]}{2\Gamma[x(n)]}\right) \tag{2-42}$$

$$a(n)=\sqrt{\frac{\Gamma[x(n)]}{\sin[\omega(n)]}} \tag{2-43}$$

解析能量算子给出了解析公式，其能量输出没有误差项，提高了解调精度，解调后信号的瞬时频率与瞬时幅值局部特性良好，无振荡。

2.4 对称高阶差分解析能量算子(SHO-AEO)

2.4.1 SHO-AEO 的理论推导

由于对称差分序列可以平滑数据，增强能量算子的噪声鲁棒性；基于三阶和四阶高阶能量算子能提高信号信干比(Signal - to - Interference Ratio, SIR), 解析能量序列可以消除误差项干扰、提高信号的解调精度, 本节在高阶差分序列、对称差分序列和解析能量序列思想的驱动下, 提出了一种增强的能量算子——对称高阶差分解析能量算子(SHO - AEO), 其推导过程如下。

对于形如简谐振动响应的连续信号 $x(t)=A\cos(\omega t+\varphi)$, 高阶能量算子定义为:

$$\gamma_k(x)=[x,\ x^{(m-1)}]=x'x^{(m-1)}-xx^{(m)},\quad m=0,\ \pm1,\ \pm2\cdots \tag{2-44}$$

式中, [ ]为 Lie 括号; m 为任意整数, 表示高阶能量算子的阶次; $x(t)$ 的第 m 阶导数(或积分)表示为

$$x^{(m)}(t)=\begin{cases}\dfrac{\mathrm{d}^m x(t)}{\mathrm{d}t^m} & m\geqslant 1\\ x(t) & m=0\\ \displaystyle\int_{-\infty}^{t}x^{(m+1)}(\tau)\mathrm{d}\tau & m\leqslant -1\end{cases}$$

, 实际应用中 m 是正的。

基于高阶能量算子思想, 利用 $x(t)$ 与其高阶导数之间的交叉能量, 高阶 AEO 被定义为:

$$\Gamma_m[x^{(m)}(t)]=x(t)\hat{x}^{(m)}(t)-x^{(m)}(t)\hat{x}(t) \tag{2-45}$$

高阶 AEO 与 AEO 相比, 进一步削弱了噪声的影响。

由于式(2-30)表示三样本中心对称差分, 具有平滑滤波的作用。因此, 根据递推公式, 其高阶对称版本可以表示为:

$$x^{(m)}(n)=\frac{x^{(m-1)}(n+1)-x^{(m-1)}(n-1)}{2^m} \tag{2-46}$$

将高阶对称差分序列[式(2-46)]代入式(2-45)即可得到离散形式的对称高阶差分解析能量算子 SHO - AEO:

$$\Theta_m[x^{(m)}(n)]=\left|\begin{array}{l}x(n)H\left[\dfrac{x^{(m-1)}(n+1)-x^{(m-1)}(n-1)}{2^m}\right]\\ -\dfrac{x^{(m-1)}(n+1)-x^{(m-1)}(n-1)}{2^m}H[x(n)]\end{array}\right| \tag{2-47}$$

式中, $H[\cdot]$为希尔伯特变换算子。

2.4.2 SHO - AEO 阶次 *m* 的确定

高阶差分序列能够提高信号的信噪比。因此, 研究在不同的背景噪声水平下, 不同阶次的能量测量效果如何是一个很有意义的问题。在这个测试中, 通过

比较 SHO－AEO 在不同阶次的情况下，输入和输出信号的 SNR 之间的差异做出最优阶次的选择。对 SNR 分别为 －10 ～ －1dB 的 10 个噪声信号进行不同阶次的 SHO－AEO 变换处理，输入－输出 SNR 的估计结果绘制在图 2－6 中。为简单起见，$\Theta_m(x_n)$表示第 m 阶对称解析能量算子，如 $\Theta_3(x_n)$是三阶 SHO－AEO。这里，只研究了所提能量算子的 1～5 阶。

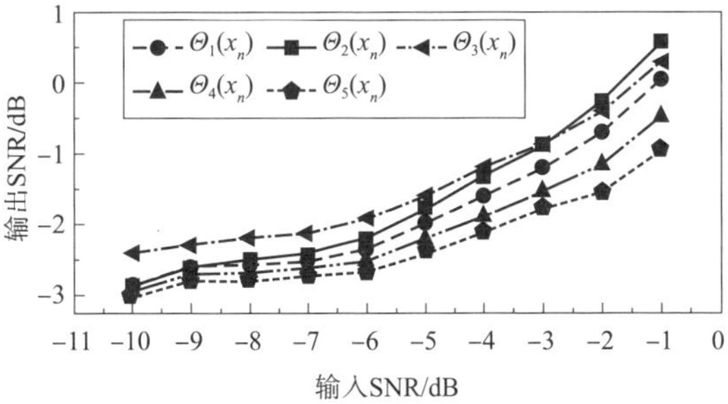

图 2－6　不同阶次 SHO－AEO 的信噪比

显然，在 5 个不同阶次的 SHO－AEO 都可以提高信噪比。其中，二阶和三阶有最好的降噪效果，在此，取 SHO－AEO 的阶次为 3。则三阶 SHO－AEO 可以表示为：

$$\begin{aligned}\Theta_3[x^{(3)}(n)] &= x(n)H\left[\frac{x^{(2)}(n+1)-x^{(2)}(n-1)}{8}\right]-\frac{x^{(2)}(n+1)-x^{(2)}(n-1)}{8}H[x(n)] \\ &= \frac{1}{32}\left\{\begin{matrix}x(n)H[x(n+3)-3x(n+1)+3x(n-1)-x(n-3)]- \\ [x(n+3)-3x(n+1)+3x(n-1)-x(n-3)]H[x(n)]\end{matrix}\right\}\end{aligned} \tag{2-48}$$

简便起见，可以表示为：

$$\Theta_3[x^{(3)}(n)]=$$
$$\frac{1}{32}\left\{\begin{matrix}\mathrm{Re}(n)\mathrm{Im}(n+3)-\mathrm{Re}(n+3)\mathrm{Im}(n)+3\mathrm{Re}(n+1)\mathrm{Im}(n)-3\mathrm{Re}(n)\mathrm{Im}(n+1) \\ +3\mathrm{Re}(n)\mathrm{Im}(n-1)-3\mathrm{Re}(n-1)\mathrm{Im}(n)+\mathrm{Re}(n-3)\mathrm{Im}(n)-\mathrm{Re}(n)\mathrm{Im}(n-3)\end{matrix}\right\} \tag{2-49}$$

2.4.3　SHO－AEO 解调性能

给定一个连续调制信号 $s(t)$，其表达式为：

$$s(t)=Ae^{rt}\cos(\omega t+\theta) \tag{2-50}$$

式中，r 为结构阻尼；A 为幅值。

对式(2－50)求三阶导有：

$$s^{(3)}(t)=Ar^3e^{rt}\cos(\omega t+\theta)+A\omega^3e^{rt}\sin(\omega t+\theta)-3Ar\omega^2e^{rt}\cos(\omega t+\theta)$$
$$-3Ar^2\omega e^{rt}\sin(\omega t+\theta) \tag{2-51}$$

因此，可以得到式(2－51)的希尔伯特变换(HT)为：

$$H[s^{(3)}(t)]=Ar^3e^{rt}\sin(\omega t+\theta)-A\omega^3e^{rt}\cos(\omega t+\theta)-3Ar\omega^2e^{rt}\sin(\omega t+\theta)$$
$$+3Ar^2\omega e^{rt}\cos(\omega t+\theta) \tag{2-52}$$

将式(2－50)、式(2－51)代入式(2－48)得到：

$$\Theta_3[s^{(3)}(t)]=A^2\omega e^{2rt}(3r^2-\omega^2) \tag{2-53}$$

由式(2－53)可知，AEO 的三阶版本也具有解调特性。

接着，讨论在离散时间情况下 SHO－AEO 的解调特性。给定离散信号 $x(n)$ 可以表示为：

$$x(n)=A\cos(\Omega n+\alpha) \tag{2-54}$$

式中，Ω 为数字频率 $\Omega=2\pi f/F_s$；f 为模拟频率；F_s 为采样频率；α 为任意相位。

将式(2－54)代入式(2－51)得出：

$$x^{(3)}(n)=-A\sin^3\Omega\sin(\Omega n+\theta) \tag{2-55}$$

求其希尔伯特变换有：

$$H[x^{(3)}(n)]=A\sin^3\Omega\cos(\Omega n+\theta) \tag{2-56}$$

将式(2－55)、式(2－56)代入式(2－48)，得到：

$$\Theta_3[x^{(3)}(n)]=A^2\sin^3\Omega\cos^2(\Omega n+\theta)+A^2\sin^3\Omega\sin^2(\Omega n+\theta)=A^2\sin^3\Omega \tag{2-57}$$

如果限定 $0\leqslant\Omega\leqslant\frac{\pi}{2}$，则有 $\sin\Omega\approx\Omega$，可以得到一个近似输出，即：

$$\Theta_3[x(n)]=A^2\sin^3\Omega\approx A^2\Omega^3 \tag{2-58}$$

可见，与连续的情况类似，对于给定的离散信号 $x(n)$，SHO－AEO 也能够跟踪其瞬时能量，对其瞬时频率和瞬时幅值进行估计。

2.5 IFNLM－SHOAEO 方法的技术路线

由于在实际运行中，滚动轴承故障振动信号一方面受到环境噪声和多种非监测振动干扰的影响，导致故障信号特征被掩盖；另一方面轴承局部故障引起的振动是高频固有衰减振动受低频故障冲击所调制的结果，具有明显的调制特性。因此，首先需要对滚动轴承复合故障信号进行降噪和去干扰预处理，以提高故障信号的 SNR 和 SIR；其次对预处理后的信号进行解调以提取轴承故障特征。在 2.2 节中已经验证了本次研究提出的快速非局部均值滤波（IFNLM）方法具有优越的降噪性能和较高的运算效率；2.4 节说明了增强的能量算子 SHO – AEO 具有良好的解调能力。本章结合两者的优点，提出了一种增强的滚动轴承故障特征快速提取方法——IFNLM – SHOAEO。该方法的技术路线如图 2 – 7 所示。

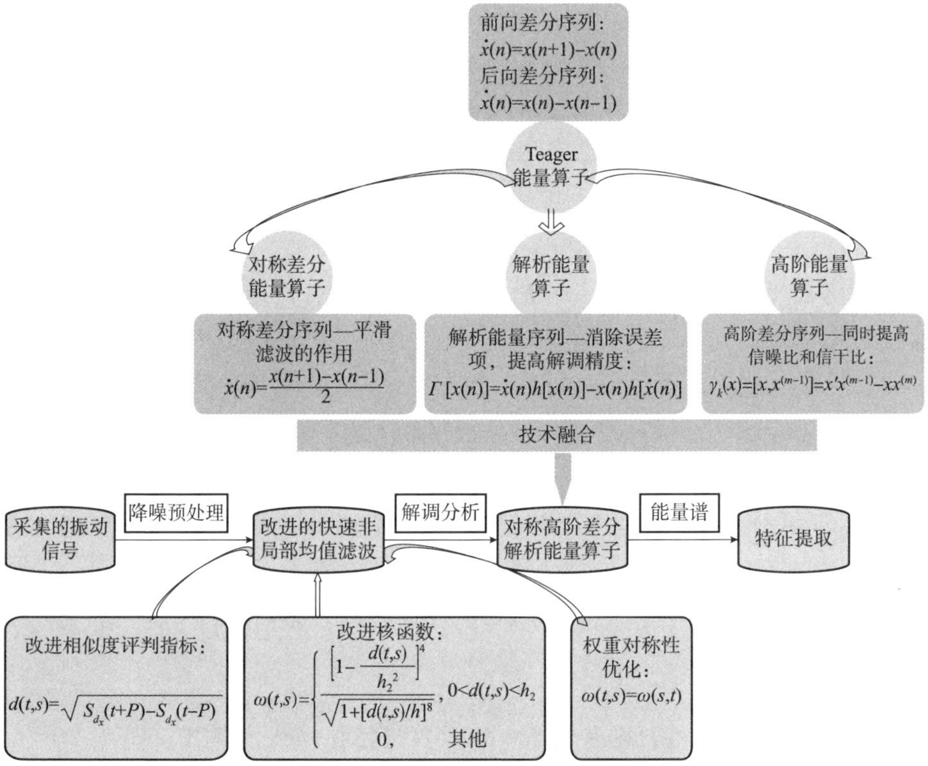

图 2 – 7　IFNLM – SHOAEO 方法的技术路线

2.6　仿真验证和分析

为了评价所提轴承故障特征提取方法的优越性和有效性，采用滚动轴承故障模拟信号在三种不同的噪声水平下进行了测试，并与其他常规方法进行了比较。故障轴承信号的模拟表达式如下：

$$y(t) = \sum_{i=1}^{m} A_m e^{-\alpha(t-mT_p-\tau_i)} \cos\omega_r(t - mT_p - \tau_i + \theta_m) u(t - mT_p - \tau_i) \tag{2-59}$$

式中，$A_m=5$，表示第 m 次故障脉冲的振幅；$\alpha=1500$N s/m，为阻尼系数；$T_p=0.01$s，为故障脉冲周期，对应的故障特征频率(Fault Characteristic Frequency，FCF)为 100Hz；$\omega_r=2048$Hz，为激励谐振频率；τ_i 表示滚珠的随机滑移系数，此处取为 $0.015T_p$；$u(t)$ 为单位阶跃函数，采样频率取为 12kHz。

滚动轴承故障模拟信号及其频谱如图 2-8 所示，在没有噪声干扰的情况下，很容易识别出周期冲击性信号及其对应的故障特征频率。

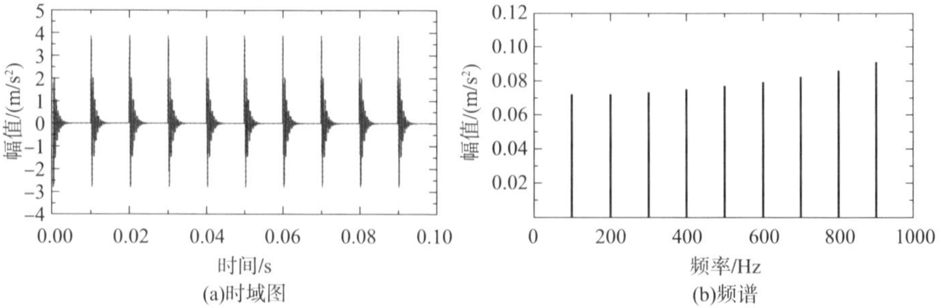

图 2-8　故障脉冲信号

2.6.1　低噪声水平的轴承故障特征提取

在上述模拟轴承故障信号中添加信噪比为 -5.5dB 的高斯白噪声。噪声混合信号及其频谱绘制在图 2-9 中。由图 2-9 可以看出，在时域图中冲击信号的周期性完全被噪声打破，无法判断原始故障脉冲(图 2-8)存在与否；频谱完全由噪声主导，故障特征频率及其谐波无法识别。

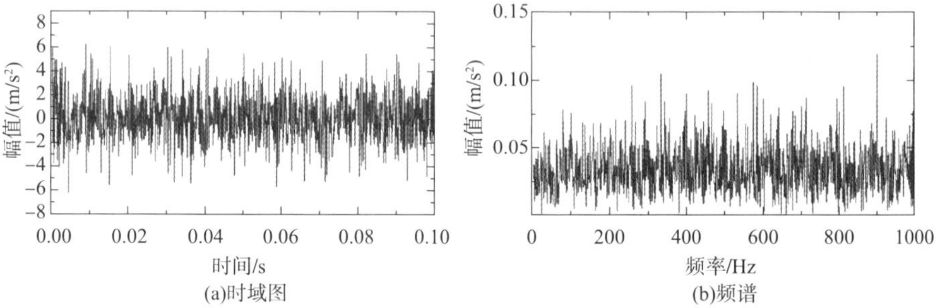

图 2-9　低噪声水平的轴承故障模拟信号

考虑到在这种情况下噪声水平较低，无须预滤波直接对混合信号进行 SHO - AEO 解调，同时采用传统 Teager 能量算子(TEO)、高阶差分能量算子(HO - EO)和对称差分能量算子(SDEO)等解调方法与 SHO - AEO 方法进行比较。四种能量算子解调的结果如图 2 - 10 所示。由图 2 - 10 可以看出，在低噪声情况下，四种能量算子解调方法都能从被污染信号中识别出故障特征频率及其若干次谐波。但是，与 SHO - AEO 能量谱相比，TEO 能量谱谐波不连续，HO - EO 能量谱谐波次数少，且两者噪声都比较严重。虽然，从 SDEO 能量谱中可以观测到轴承故障特征频率的连续 9 次谐波，但其幅值较小。

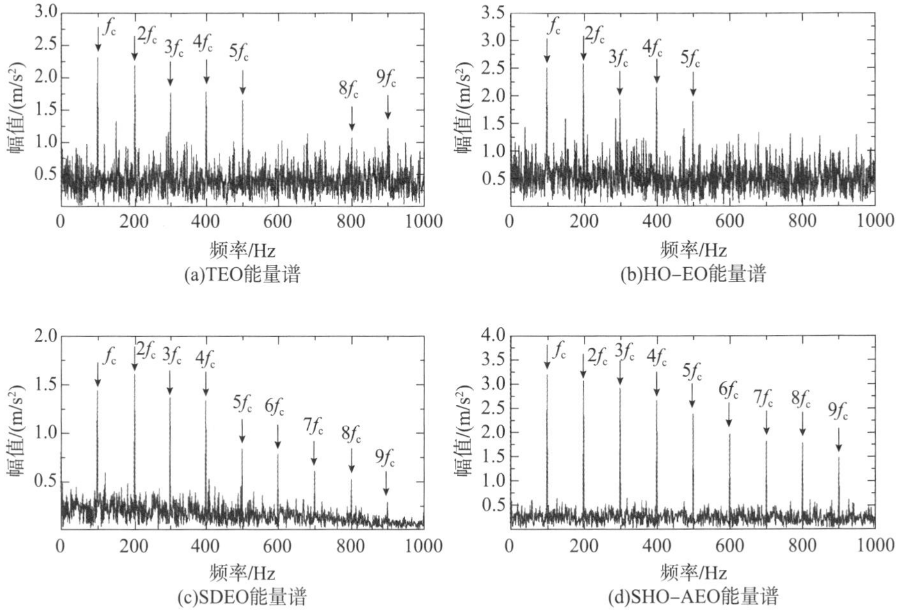

图 2 - 10　低噪声水平能量算子解调结果

为了量化 SHO - AEO 技术的优越性，此处选择谱能量占比作为评估函数，表示为：

$$\eta = \frac{\sum_{i=1}^{m} E_{if_c+\varepsilon}}{E} \times 100\% \tag{2-60}$$

式中，f_c 为故障特征频率；i 为故障特征频率的谐波阶次；m 为从能量谱中一个频带(0 ~ 1000Hz)内可以识别的故障频率谐波总数；$\sum_{i=1}^{m} E_{if_c+\varepsilon}$ 为可观测的故障特征频率及其谐波的频带能量之和；E 为(0 ~ 1000Hz)频带内频谱能量总和；η 为频谱能量的比例，其值越大，表明提取结果越好。

计算 TEO、HO－EO、SDEO 和 SHO－AEO 四种能量算子的谱能量占比，结果如表 2－3 所示。其中，SHO－AEO 的谱能量占比最高，为 23.25%，明显高于其他三种能量算子的，验证了所提 SHO－AEO 方法的提取能力优于基本能量算子的。

表 2－3　四种能量算子的谱能量占比

能量算子	TEO	HO－EO	SDEO	SHO－AEO
谱能量占比/%	3.75	3.14	9.68	23.25

2.6.2　中等噪声水平的轴承故障特征提取

在上述模拟的轴承故障信号中添加信噪比为－10dB 的高斯白噪声。这里与低噪声水平的情况一样，仍然直接使用 TEO、HO－EO、SDEO 和 SHO－AEO 技术对混合信号进行变换，得到的相应能量谱如图 2－11 所示。很明显，随着噪声水平的增加，结果非常不同。在这种情况下，TEO 和 HO－EO 无法识别出故障特征频率，从 SDEO 能量谱图中只可以看到故障特征频率本身，无法识别出其谐波。然而，SHO－AEO 仍然可以检测出高振幅的故障特征频率和易于识别的谐波。由此可见，SHO－AEO 方法具有较强的噪声鲁棒性，并且优于传统方法。

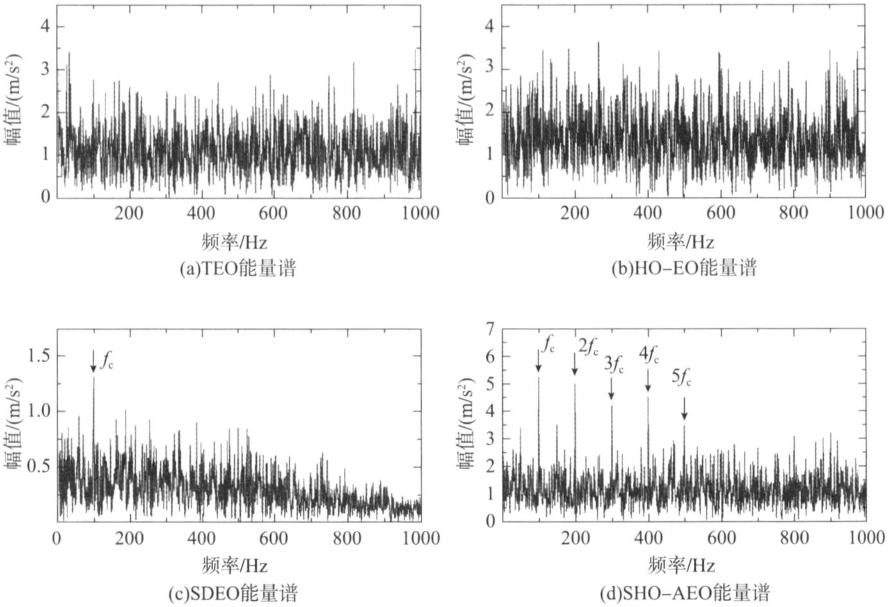

图 2－11　中等噪声水平能量算子解调结果

2.6.3 高噪声水平的轴承故障特征提取

在上述滚动轴承故障模拟信号中继续增大噪声水平，添加信噪比为 -15dB 的高斯白噪声。复合信号的时域图及其频谱如图 2-12 所示。结果表明，在时域图中看不到周期性故障脉冲；频谱完全由噪声占主导，故障特征频率不可识别。

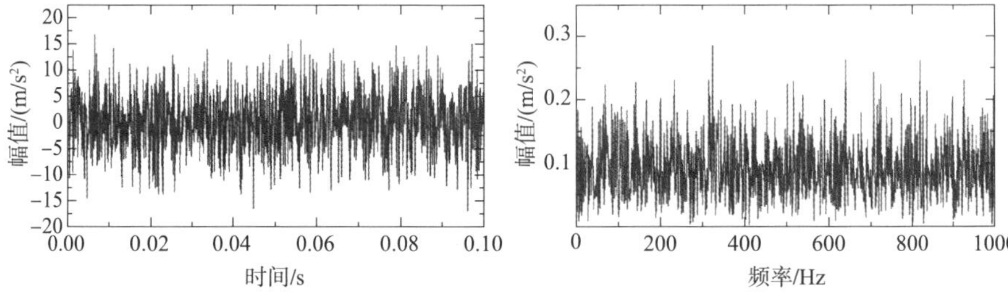

(a)时域图　(b)频谱

图 2-12　高噪声水平的故障模拟信号

同样，这里仍然使用 TEO、HO-EO、SDEO 和 SHO-AEO 四种技术对严重污染的噪声信号进行直接处理，得到的对应能量谱如图 2-13 所示。

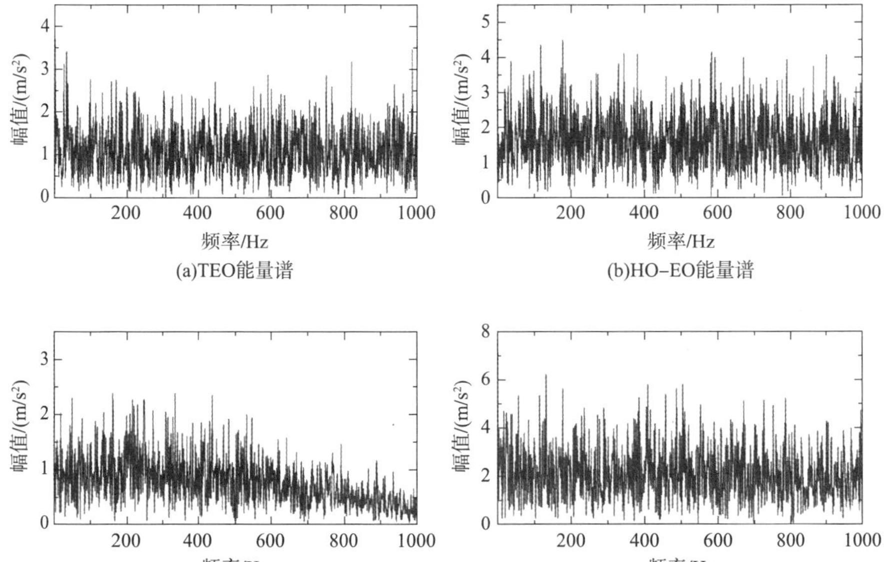

(a)TEO能量谱　(b)HO-EO能量谱

(c)SDEO能量谱　(d)SHO-AEO能量谱

图 2-13　高噪声水平能量算子解调结果

由图 2-13 可以看出，在强噪声背景下这四种方法都无法检测出故障特征频率及其谐波。基于此，采用本章提出的 IFNLM-SHOAEO 方法对高噪声水平的故障模拟信号进行分析。首先采用 IFNLM 对原始复合信号执行降噪预处理。降噪后的信号与轴承故障脉冲信号的对比图如图 2－14 所示，与原始信号[图 2－12(a)]相比，IFNLM 去除了大量的噪声，凸显了含有故障信息的脉冲。

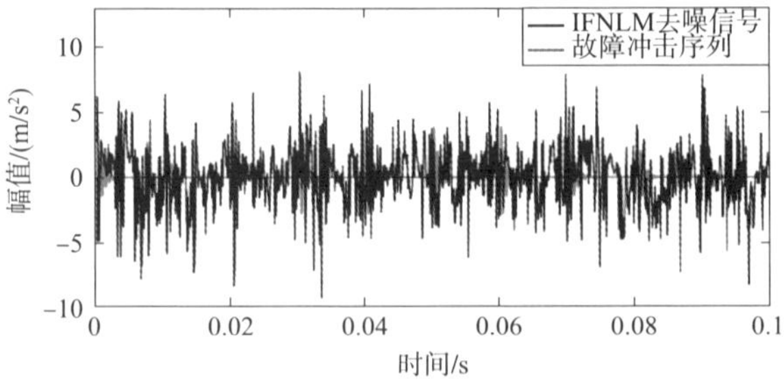

图 2－14　IFNLM 降噪后的信号

对降噪后的信号进行 SHO－AEO 解调分析，结果如图 2－15 所示。从其能量谱中可以非常清晰地观测到轴承故障特征频率及其连续高次谐波。

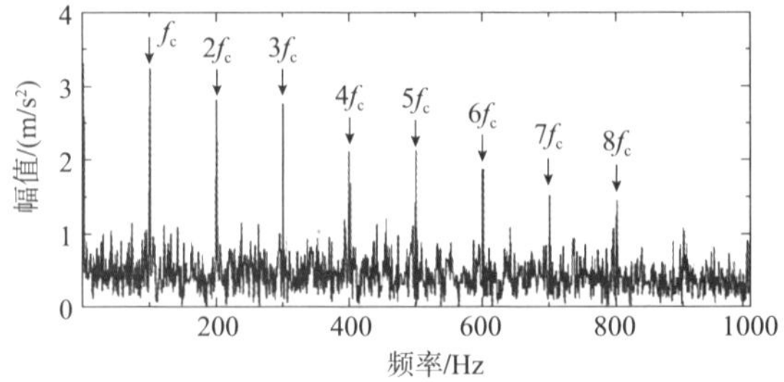

图 2－15　IFNLM－SHOAEO 处理后信号的能量谱

为了验证所提 IFNLM－SHOAEO 方法的优越性，本次采用“小波阈值降噪＋TEO”和“NLM＋包络谱”方法对此高噪声水平的振动信号进行分析并与 IFNLM－SHOAEO 方法进行对比。小波阈值降噪中采用最优预测变量阈值选择，软阈值降噪法，使用 sym2 小波基函数，分解层数设置为 3；NLM 选择结构块半宽 P 为 100，搜索区域半宽 M 为 8000，滤波器参数 λ 设置为 1。两种方法的降噪信号及降噪后信号的解调结果如图 2－16 所示。

由图 2－16 可以看出，两种降噪方法均可滤除大量背景噪声，凸显周期性脉冲。“小波阈值降噪＋TEO”方法可以提取出故障特征频率的若干次谐波，但故障特征本身无法识别。“NLM＋包络谱”方法可以提取出故障特征频率及其第二、四、七次谐波，但幅值较低且背景噪声严重。显然，此两种方法的处理结果较差，在故障特征提取能力方面远逊于所提 IFNLM－SHOAEO 方法。为了定量评价

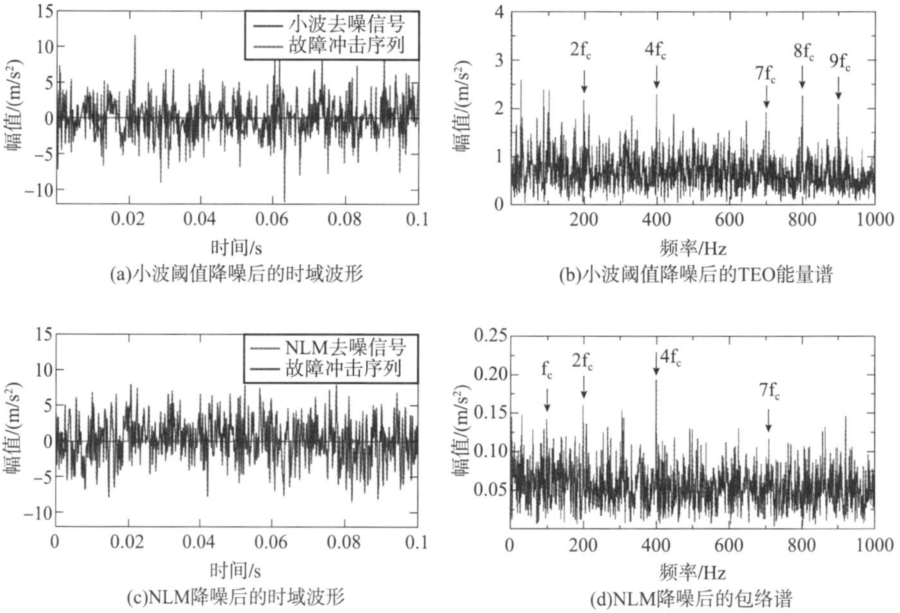

图 2－16　两种对比方法的处理结果

所提方法与其他两种方法的提取结果，采用式(2－58)表示的谱能量比作为评估函数，计算三种方法的谱能量占比，结果如表 2－4 所示。IFNLM－SHOAEO 的谱能量占比最高，为 15.28%，分别是“小波阈值降噪＋TEO”方法的 17.6 倍，“NLM＋包络谱”方法的 18.6 倍。

表 2－4　三种方法的谱能量占比

能量算子	小波阈值降噪＋TEO	NLM＋包络谱	IFNLM－SHOAEO
谱能量占比/%	0.87	0.82	15.28

在这一部分中，通过与传统方法的比较，我们希望确定所提出的方法具有良好的故障特征提取能力和较高的计算效率。因此，为了验证所提方法在快速性方面的优势，本节对“小波阈值降噪＋TEO”“NLM＋包络谱”和 IFNLM－SHOAEO 方法的计算效率进行研究。为了评价这一特性，这里引入一个测量计算速度的指标，定义为：

$$S=\frac{n}{1000T_{\mathrm{exc}}} \tag{2-61}$$

式中，n 表示 5000 到 15000 之间的数据长度；T_{exc} 为执行时间。显然，S 值越大，效率越高。

实验在一台配置为主频 1.8GHz，8G 内存(RAM)，处理器为 Intel(R) Core (TM) i5 -8265U(CPU)和 Windows10 操作系统的计算机上进行。这三种方法的计算速度如图 2 -17 所示。可以看出本次研究的 IFNLM -SHOAEO 方法在计算速度(速度测量指标)方面远远优于“小波阈值降噪 +TEO”和“NLM +包络谱”方法，而且随着数据长度的增加优势越发明显。

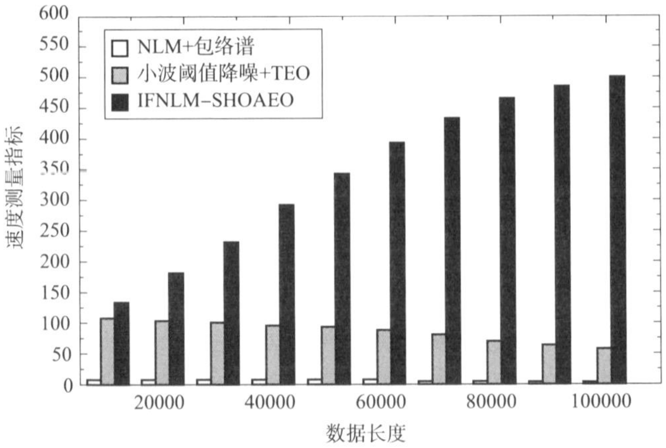

图 2 -17 三种方法的计算速度

2.7 实验验证和分析

为了验证本章所提 IFNLM -SHOAEO 方法的有效性和优越性，本节采用美国凯斯西储大学(Case Western Reserve University，CWRU)电机轴承类故障模拟实验台的振动信号数据进行分析。实验装置实物图及其结构示意如图 2 -18 所示。

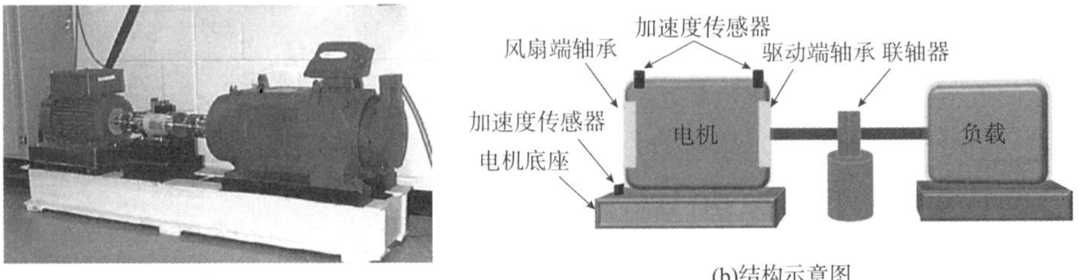

(a)实物图 (b)结构示意图

图 2 -18 CWRU 轴承故障实验台

该实验台主要由左侧的 2 马力三相感应电机、中间的自校准联轴器、右侧的负载电机及机器内部的电器控制部分组成。实验台的测试轴承有两种类型，分别为安装在电机驱动端的 SKF6205 – 2RS 轴承和安装于风扇端的 SKF6203 – 2RS 轴承。使用电火花加工技术在测试轴承的内、外圈滚道和滚动体处分别引入直径为 0.1778mm、0.3556mm、0.5334mm 和 0.7112mm 四种尺寸的单点故障。其中外圈故障固定，因此，对于轴承故障不同的安放位置，负载对其产生的影响也不同。为了对该影响进行量化，将外圈故障分别置于 3 点钟(负载影响最严重)方位、6 点钟(负载过渡区)方位和 12 点钟(负载影响最轻微)方位进行实验。实验在 0kW、0.75kW、1.5kW 和 2.25kW 四种不同负载(每种负载相应转速分别为 1797r/min、1772r/min、1750r/min 和 1730r/min)工况下，通过 3 个分别安装于底座、风扇端以及电机驱动端的加速度传感器对轴承 4 种状态(正常、内圈故障、外圈故障和滚动体故障)进行检测，并利用一个 16 通道的数据记录仪对振动数据进行采集。信号的采样频率包括 12kHz 和 48kHz 两种。

此处选取位于电机驱动端的 SKF6205 – 2RS 轴承为研究对象，轴承故障直径为 0.1778mm，深度为 0.2794mm，轴承规格如表 2 – 5 所示。相关频率参数如表 2 – 6 所示。考虑内圈故障信号和外圈故障信号两种轴承故障信号。

表 2 – 5 轴承规格

滚动体直径/mm	节圆直径/mm	滚珠数量/个	接触角/(°)
7.94	39.04	9	0

表 2 – 6 故障轴承相关频率

缺陷位置	旋转速度/(r/min)	采样频率/kHz	旋转频率 f/Hz	故障特征频率/Hz
内圈	1797	12	29.95	162.18
外圈	1797	12	29.95	107.25

2.7.1 内圈故障特征提取

本节采用安装于电机驱动端的加速度传感器的采样数据，取其前 24000 个采样点进行分析。内圈故障时域信号及其频谱如图 2 – 19 所示。从时域波形中可以发现冲击特征，但脉冲间隔并不均匀，干扰较多；在频谱中无法识别 162.18Hz 的内圈故障特征频率及其相关谐波。因此，无法判断轴承是否存在故障。

采用 TEO、HO – EO、SDEO 和 SHO – AEO 四种技术对内圈故障信号进行分析，结果如图 2 – 20 所示。

由图 2 – 20 可以看出，这四种能量算子均可将故障特征相关频率提取出来。

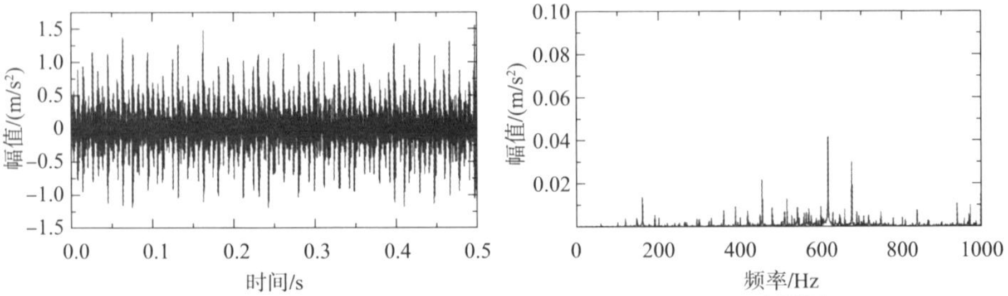

(a)时域图 (b)频谱图

图 2 -19 内圈故障信号

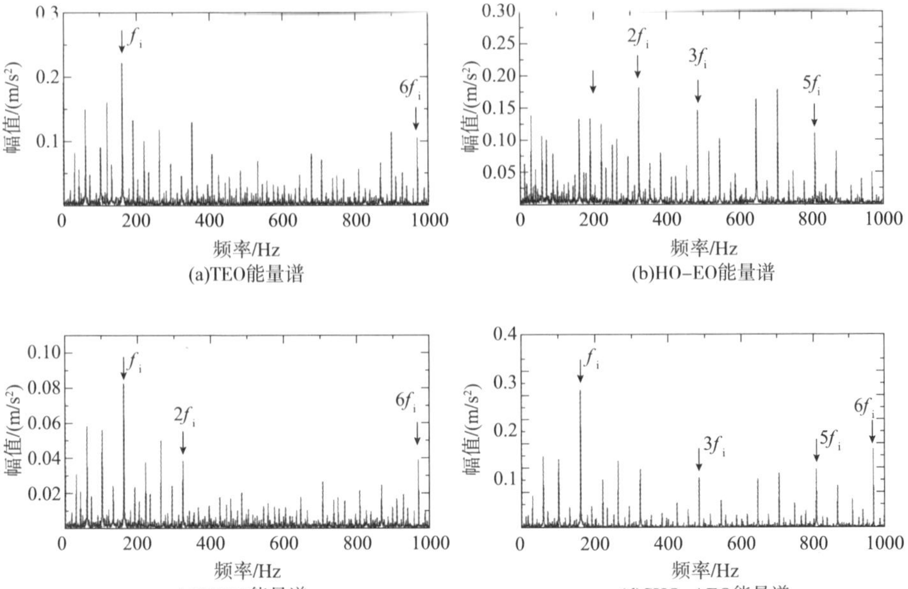

(a)TEO能量谱 (b)HO-EO能量谱

(c)SDEO能量谱 (d)SHO-AEO能量谱

图 2 -20 内圈故障信号能量谱

与 SHO - AEO 相比，HO - EO 无法识别出 162. 18Hz 的内圈故障特征频率本身；TEO 和 SDEO 识别出的故障特征频率的谐波次数较少且背景噪声严重。为了定量评价 TEO、HO - EO、SDEO 和 SHO - AEO 四种能量算子的提取效果，同样根据式(2 -58)计算出各能量谱的谱能量占比，结果如表 2 -7 所示。显然，SHO - AEO 的谱能量占比最高，为 6. 28%，明显高于其他三种能量算子，再次验证了本章提出的 SHO - AEO 方法具有最好的提取效果。

表 2-7 四种能量算子的谱能量占比

能量算子	TEO	HO-EO	SDEO	SHO-AEO
谱能量占比/%	2.11	2.46	3.83	6.28

虽然直接采用能量算子可以提取出内圈故障特征频率，但各能量谱中背景噪声仍然较严重，谐波不连续，且谱能量占比较低。因此采用本章提出 IFNLM-SHOAEO 方法首先对原始内圈故障信号进行 IFNLM 降噪预处理，其次采用 SHO-AEO 对降噪信号进行解调分析，结果如图 2-21 所示。

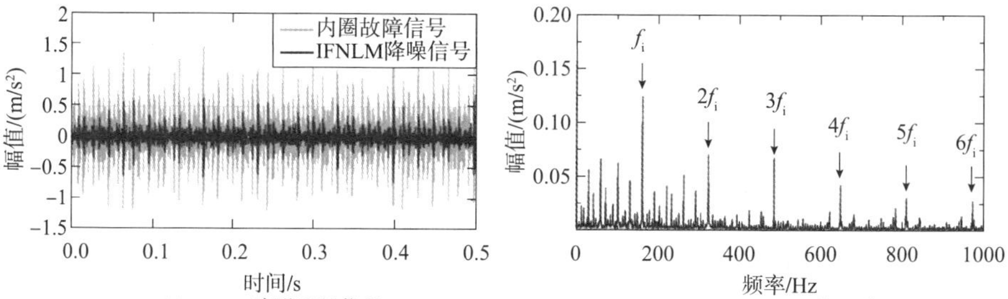

(a)IFNLM降噪后的信号 (b)SHO-AEO能量谱

图 2-21 IFNLM-SHOAEO 方法的处理结果

为突出本次所提方法的优越性，同样使用“小波阈值降噪+TEO”和“NLM+包络谱”方法进行比较。小波阈值降噪中采用最优预测变量阈值选择，硬阈值降噪法，选取 db3 小波基函数，分解层数设置为5；NLM 选择结构块半宽 P 为100，搜索区域半宽 M 为8000，滤波器参数 λ 设置为1。两种方法降噪后的信号及其解调结果如图 2-22 所示。

从时域波形[图 2-22(a)和图 2-22(c)]可以看出，NLM 和小波阈值降噪处理后，大量背景噪声被滤除，故障冲击特征更加明显。从其谱图中可以识别内圈故障特征频率及其谐波，但与图 2-21 中的结果相比，小波阈值降噪后信号的 TEO 谱中噪声干扰较多，故障特征不易识别。在 NLM 降噪后信号包络谱中，内圈故障特征频率及其谐波幅值很低。

为了定量评价三种方法的提取结果，同样根据式(2-58)计算各能量/包络谱的谱能量占比，结果如表 2-8 所示。显然，IFNLM-SHOAEO 的谱能量占比最高，为19.46%，明显高于“小波阈值降噪+TEO”和“NLM+包络谱”方法，同时也高于直接采用能量算子处理的结果(表 2-7)。因此，本次研究所提IFNLM-SHOAEO 方法具有最好的提取效果。

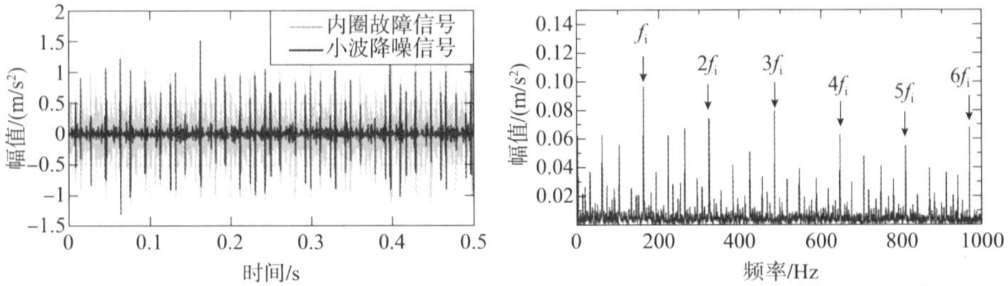

(a)小波阈值降噪后的时域波形
(b)小波阈值降噪后的TEO能量谱

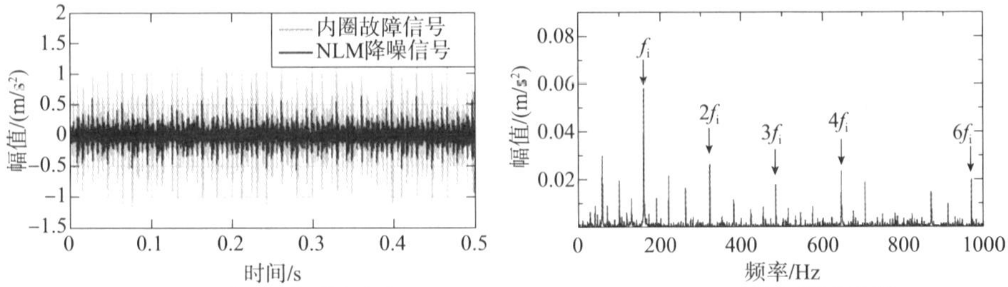

(c)NLM降噪后的时域波形
(d)NLM降噪后的包络谱

图 2-22 "小波阈值降噪+TEO"与"NLM+包络谱"比较

表 2-8 三种方法的谱能量占比

能量算子	小波阈值降噪+TEO	NLM+包络谱	IFNLM-SHOAEO
谱能量占比/%	6.02	15.23	19.46

最后，以 MATLAB2017b 为操作软件，在 Windows10，64 位操作系统下，在配置为英特尔酷睿 i5-8265U 的 CPU 和 8.0GB RAM 的计算机上比较了 IFNLM-SHOAEO、"小波阈值降噪+TEO"和"NLM+包络谱"的计算效率，三种方法的计算时间如表 2-9 所示。可以看出，IFNLM-SHOAEO 运行时间为 0.0718s，是"小波阈值降噪+TEO"方法(0.9154s)的 7.8% 和"NLM+包络谱"方法(19.378s)的 0.4%。可见，IFNLM-SHOAEO 具有良好的快速性，为滚动轴承故障在线检测提供了一种潜在可能性。

表 2-9 三种方法的计算时间

算法	IFNLM-SHOAEO	小波阈值降噪+TEO	NLM+包络谱
时间/s	0.0718	0.9154	19.378

2.7.2 外圈故障特征提取

在外圈故障检测中，由于故障缺陷在不同位置受到的负载影响不同，其中轴承故障缺陷位于3点钟位置时受负载影响最严重，因此，为了进一步证明所提IFNLM-SHOAEO算法的优越性，本次研究采用轴承缺陷位于3点钟位置时驱动端加速度传感器采集的数据。同样取其前24000个采样点进行分析，外圈故障信号时域波形及其频谱如图2-23所示。从时域波形中无法清晰地观测到间隔均匀的冲击特征；在频谱中干扰谱线较多，无法识别107.25Hz的外圈故障特征频率及其谐波。因此，从原始信号中无法判断轴承是否存在故障。

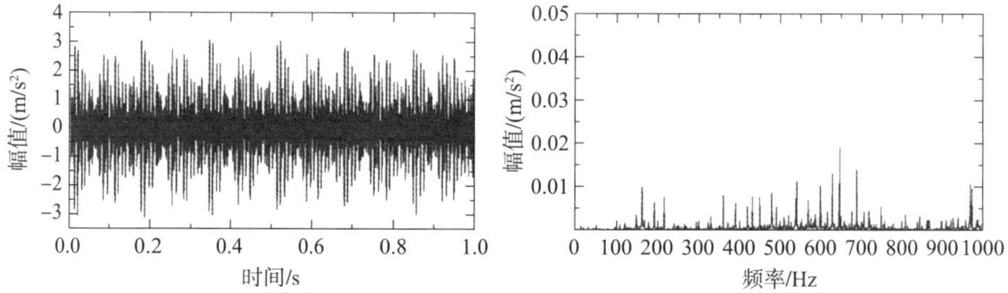

(a)时域图　(b)频谱图

图2-23　外圈故障信号

同样，直接采用TEO、HO-EO、SDEO和SHO-AEO四种能量算子对外圈故障信号进行处理，结果如图2-24所示。可见，虽然四种能量算子都能提取出故障特征相关信息，但其能量谱中的干扰谱线过多，都无法获得满意的结果。根

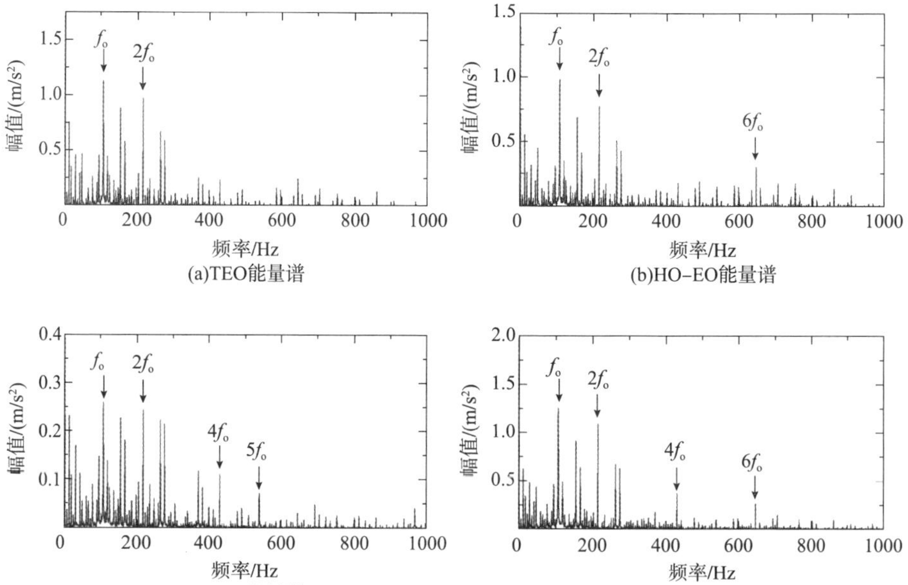

(a)TEO能量谱　(b)HO-EO能量谱
(c)SDEO能量谱　(d)SHO-AEO能量谱

图2-24　外圈故障信号能量谱

据式(2－58)计算各能量算子的谱能量占比，结果如表2－10所示。SHO－AEO方法的谱能量占比为6.75%，在四者中最大，再次验证了本次研究所提SHO－AEO的良好故障特征提取能力。

表2－10 四种能量算子的谱能量占比

能量算子	TEO	HO－EO	SD－EO	SHO－AEO
谱能量占比/%	2.84	3.32	1.93	6.75

采用本章所提IFNLM－SHOAEO方法对外圈故障信号进行处理，结果如图2－25所示。

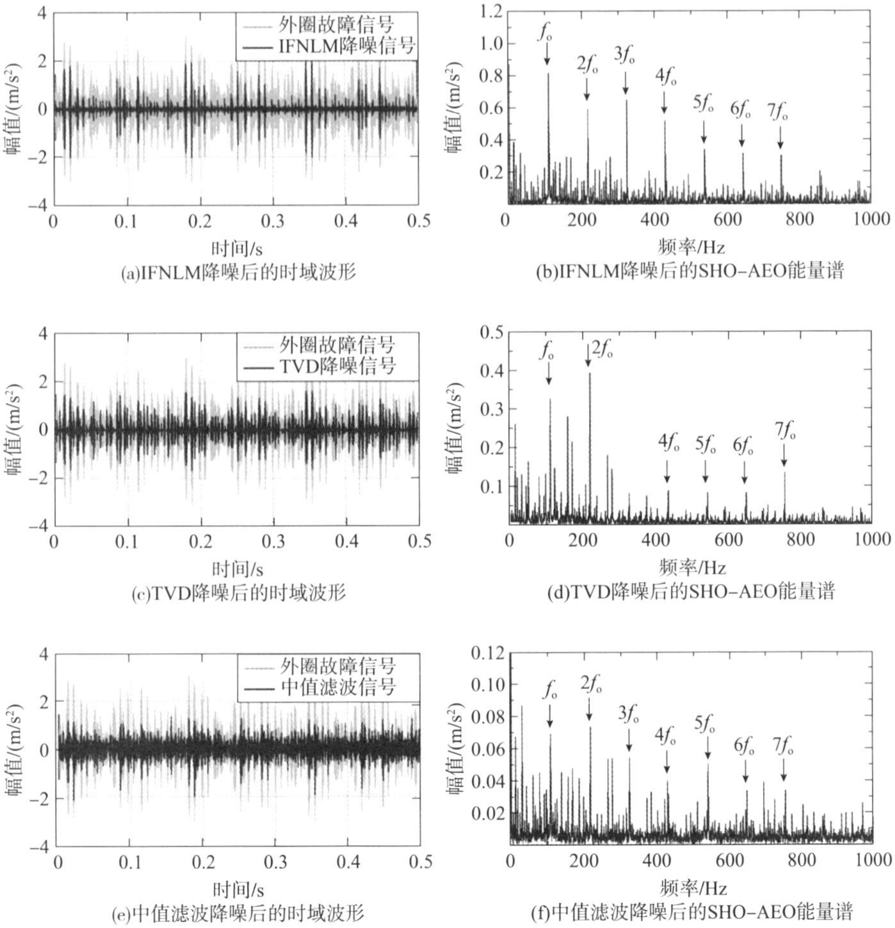

(a)IFNLM降噪后的时域波形 (b)IFNLM降噪后的SHO-AEO能量谱

(c)TVD降噪后的时域波形 (d)TVD降噪后的SHO-AEO能量谱

(e)中值滤波降噪后的时域波形 (f)中值滤波降噪后的SHO-AEO能量谱

图2－25 三种故障特征提取方法的对比

前面已经通过仿真和实验数据证明本次所提IFNLM－SHOAEO方法在降噪性

能、故障特征提取效果以及快速性方面优于基于 NLM 和小波阈值降噪的方法，并且已多次证明本次改进的能量算子 SHO－AEO 优于先前已有的传统能量算子。因此，此次对比实验我们采用另外两种快速滤波方法——总变分降噪（Total Variational Denoising，TVD）和中值滤波（Median filter）对原始外圈故障信号进行降噪，然后采用 SHO－AEO 对降噪后的信号进行处理，结果如图 2－25 所示。

可以看出，基于 TVD 和中值滤波方法的降噪结果冲击特征不够明显，故障特征提取结果中噪声干扰较重。在 IFNLM－SHOAEO 方法的降噪结果中可以看出间隔均匀的冲击特征，提取结果中可以清晰地识别出轴承外圈故障特征频率及其连续 7 次谐波。计算三种方法的谱能量占比，结果如表 2－11 所示。显然，IFNLM－SHOAEO 的谱能量占比最高，为 21.43%，明显高于"中值滤波＋SHOAEO"和 TVD－SHOAEO 方法，在此三种方法中提取效果最好，再次验证了本研究所提 IFNLM－SHOAEO 方法的优越性。

表 2－11　三种方法的谱能量占比

能量算子	IFNLM－SHOAEO	TVD－SHOAEO	中值滤波＋SHOAEO
谱能量占比/%	21.43	8.23	4.32

最后，以 MATLAB2017b 为操作软件，在 Windows10，64 位操作系统下，在配置为英特尔酷睿 i5－8265U 的 CPU 和 8.0GB RAM 的计算机上比较了 IFNLM－SHOAEO、TVD－SHOAEO 和"中值滤波＋SHOAEO"的计算效率，三种方法的计算时间如表 2－12 所示。可以看出，IFNLM－SHOAEO 运行时间为 0.0725s，显著少于 TVD－SHOAEO（0.9014s）和"中值滤波＋SHOAEO"（1.0193s）。可见，IFNLM－SHOAEO 具有良好的快速性，为滚动轴承故障在线检测提供了一种潜在可能性。

表 2－12　三种方法的计算时间

算法	IFNLM－SHOAEO	TVD－SHOAEO	中值滤波＋SHOAEO
时间/s	0.0725	0.9014	1.0193

2.8　本章小结

本章针对在工作环境背景噪声强烈的情况下，滚动轴承故障特征信息往往被掩盖，且轴承故障振动信号通常呈现为局部故障冲击对高频固有振动载波幅值的调制，提出了基于改进的快速非局部均值（IFNLM）滤波和对称高阶差分解析能量算子(SHO - AEO)的滚动轴承故障特征快速提取方法。主要贡献如下。

(1)从优化相似度衡量标准、构建理想核函数以及基于距离对称性减少权值计算量等方面，对 FNLM 算法的准确性和快速性进行了改进，提出一种快速非局部均值(IFNLM)滤波算法。同时对 IFNLM 算法的参数设置进行了说明。通过对比分析证明了 IFNLM 具有满意的降噪效果、良好的噪声鲁棒性以及较高的快速性能，优于中值滤波、小波阈值滤波以及改进前的 FNLM 算法。其中改进后的 IFNLM 算法运行速度相比未改进的 FNLM 提高了 75%。

(2)通过对高阶差分、对称差分序列和解析能量序列的技术融合，提出了一种增强的新型能量算子——对称高阶差分解析能量算子(SHO - AEO)，并通过理论分析对其解调性能进行了验证。通过观测谱图和提出的谱能量占比指标，同时与 TEO、HO - EO、SDEO 等解调技术相比较，定性和定量地评价了所提能量算子的提取性能，结果表明所提 SHO - AEO 技术的提取效果优于现有几种基本能量算子。

(3)将改进的快速非局部均值滤波和所提对称高阶差分解析能量算子技术融合，提出了一种快速且有效的故障特征提取方法——IFNLM - SHOAEO。将该方法应用于模拟信号和实验室测量的轴承故障数据，结果表明该方法不仅能有效地从污染严重的信号中提取出故障特征频率和相关谐波，而且具有较高的计算效率。在与多种常用方法比较中，通过谱图观测和谱能量占比指标证明了该方法在故障特征提取性能方面的优越性；在执行速度方面通过速度测量指标 S 证明了该方法具有较高的执行速度(实际执行时间仅为 0.07s 左右，几乎是瞬时完成的)，且随着数据长度的增加优势越发明显。为轴承故障实时监测和在线诊断提供了一种可行的选择。

3　基于 HTFIF 和 k - SDAEO 的轴承故障特征快提取

上一章节仅仅考虑了强噪声的情况，而对于复杂机械滚动轴承的故障信号在伴随着大量背景噪声的同时，往往还包含其他非监测部件传来的振动干扰。背景噪声和干扰的频率范围很大，轴承故障特征频率往往掩盖在其中，很难采用传统滤波方法将其分离出来。模态分解方法（MD）可将给定信号分解为一组具有唯一信息的本征模函数（Intrinsic Mode Function，IMF），从而实现对噪声和谐波干扰分量的有效分离。此外，轴承故障信号通常是调制信号，能量算子具有计算复杂度低、时间分辨率高等特点，可以对调制信号的瞬时频率和瞬时幅值进行有效追踪。因此将模态分解方法与能量算子解调技术相结合可以实现复杂背景下轴承故障特征频率的有效提取。

3.1　硬阈值快速迭代滤波 HTFIF

基本经验模态分解（EMD）是一种自适应的、数据驱动的多分量信号分解方法，但存在端点效应、间歇性、模态混合及噪声敏感性等不足，影响复合信号的分离效果。针对 EMD 上述问题的一些改进算法，如集成 EMD（EEMD）、补充 EEMD（CEEMD）、掩膜 EMD、时变滤波 EMD（TVF - EMD）等虽然或多或少地弥补了 EMD 的一些不足，性能得到了一定的提高，但都有一个共同缺点即需要较长的计算时间。EMD 的一些快速算法，如自适应快速集成经验模态分解（AFEEMD）、快速 EMD/EEMD（FEMD/FEEMD）等与原始 EMD/EEMD 相比，虽然在运行时间上得到了很大的改进，但仍是基于 EMD 的方法，由于迭代次数较多且其过程本身就是计算密集型的，很难达到实时性的要求。此外，EMD 快速算法的其他性能如抗噪性能和分解精度并没有得到提升。

硬阈值快速迭代滤波（Hard Thresholding Fast Iterative Filtering，HTFIF）是对另一种基于迭代的模态分解方法——迭代滤波（IF）的改进。在 IF 中引入了快速傅里叶变换(FFT)和下采样技术，可以将IF的处理过程简化为一步，使其更接近于在线算法。此外，在HTFIF中使用福克－普朗克方程(Fokker－Planck)的解构造的平滑滤波器(FP滤波器)取代IF中的低通滤波器，这种方法在满足实时性的同时还具有更好的分解精度和噪声鲁棒性。因此，本研究采用HTFIF分解方法对轴承故障信号进行处理，以揭示其故障状态。

3.1.1 HTFIF基本理论

在介绍硬阈值快速迭代滤波(HTFIF)之前，先回顾一下快速迭代滤波(FIF)，是迭代滤波的一种高效实现，其结构类似EMD，包含两个嵌套的循环：一个是生成所有IMF的外循环，另一个是计算每个IMF的内循环。算法的关键步骤是内环的迭代方程。对于[0，1]上支持的离散信号$s(x)$，第m次内环的迭代方程由下式给出：

$$s_{m+1}(x_i) = s_m(x_i) - \sum_{x_j=x_i-l_m}^{x_i+l_m} s_m(x_j)w_m(x_i-x_j)\frac{1}{n},\quad j=0,\cdots,n-1 \tag{3-1}$$

其矩阵形式表示为：

$$s_{m+1} = (I - W_m)s_m \tag{3-2}$$

$$W_m = \left[w_m(x_i - x_j)\cdot\frac{1}{n}\right]_{i,j=0}^{n-1} \tag{3-3}$$

式中，W_m为一种在[l_m，$-l_m$]上紧凑支撑的福克－普朗克滤波器(Fokker－Planck filters)，l_m为滤波器长度，可表示为：

$$l_m = \left\lfloor \zeta\frac{N}{\kappa}\right\rfloor \tag{3-4}$$

式中，$\lfloor\cdot\rfloor$为对一个正数向下取整；N为信号$s(x)$的采样点数；κ为极值点数；ζ为滤波器调整参数，一旦设定，在整个内环迭代过程中保持不变。

对每一个$m\geqslant 1$，有$l_m = l_1 = l$且$W_m = \boldsymbol{W}$，因为$\boldsymbol{W}$表示离散卷积算子，可以是循环矩阵。假设循环矩阵$\boldsymbol{W} = \{w_{pq}\}_{p,q=0,1,\cdots,n-1}$则其特征值可由下式给出：

$$\lambda_a = \sum_{q=0}^{n-1} w_{1q}e^{-2\pi ip\frac{q}{n}},\quad p=0,1,\cdots,n-1 \tag{3-5}$$

其对应的特征向量如下：

$$u_p = \frac{1}{\sqrt{n}}[1,\ e^{-2\pi ip\frac{1}{n}},\ \cdots,\ e^{-2\pi ip\frac{n-1}{n}}] \tag{3-6}$$

定义一个矩阵$\boldsymbol{U}$，其列为特征向量$\boldsymbol{u}_p$，则$\boldsymbol{U}$为酉矩阵。另外，$\boldsymbol{W}$是可被$\boldsymbol{U}$对角化的。因此，$\boldsymbol{W}=\boldsymbol{UDU}^T$，其中$\boldsymbol{D}$是一个对角矩阵，其对角元素是$\boldsymbol{W}$的特征值。

假定 N_0 为 FIF 方法导出第一个 IMF 所需的迭代次数。则有：

$$\frac{{N_0}^{N_0}}{(N_0+1)^{N_0+1}} < \frac{\delta}{|\,|\tilde{s}|\,|\sqrt{n-1-k}},\ N_0 \in \mathbb{N} \tag{3-7}$$

式中，$k \in \{0,1,2,\cdots,n-1\}$；$\delta$ 为所要达到的精度。

根据预先定义的停止准则：

$$SD:=\frac{\| s_{m+1}-s_m \|}{\| s_m \|} \leqslant \delta \tag{3-8}$$

第一个 IMF 可由下式给出：

$$IMF_1=\lim_{m\to\infty}(I-W_m)s_m=\lim_{m\to\infty}(I-W)^m s=\boldsymbol{U}(1-\boldsymbol{D})^{N_0}\boldsymbol{U}^T s \tag{3-9}$$

已知，$\boldsymbol{U}^T s$ 是 s 的离散傅里叶变换(Discrete Fourier Transform，DFT)，计算复杂度较高，为 $n^2+n(n-1)$，此处引入快速傅里叶变换(FFT)计算 DFT，则其计算复杂可降为 $n\log(n)$。左乘矩阵 $\boldsymbol{U}$ 相当于计算离散傅里叶逆变换(Inverse DFT，IDFT)，这可以通过快速傅里叶逆变换(IFFT)计算。因此，假设可以先验计算式(3-7)中的所需迭代次数 N_0 的值，则 IMF_1 可以一步得到为：

$$IMF_1=U(1-D)^{N_0}U^T s=IDFT\{1-diag[DFT(w)]\}^{N_0}DFT(s) \tag{3-10}$$

设 M 是已计算的 IMF 个数。后续的 IMF 是通过对余信号 $r=s-\sum_{k=1}^{M}IMF_k$ 迭代应用相同的过程生成。s_{m+1}的计算是算法的关键步骤，现采用快速傅立叶变换(FFT)可以显著提高其计算速度。当 r 成为趋势信号即不再包含任何振荡时，算法停止。

很明显，FIF 法原本是一种迭代方法。HTFIF 方法中内环迭代的目的是在 N_0 次迭代后，将 $1-\boldsymbol{D}$ 中接近零的所有特征值发送到零，以达到机器精度，同时，使接近于 1 的特征值保持不变。因此，将矩阵 $1-\boldsymbol{D}$ 小于阈值 τ 的特征值置为 0，而其他特征值保持不变，则该算法就可以成为一种直接迭代方法，即所谓的硬阈值快速迭代滤波(HTFIF)算法，可见 HTFIF 将迭代的 FIF 算法转化为一步的算法，通过阈值设定进一步提高了计算速度。

3.1.2 性能比较

为了评价 HTFIF 方法的有效性和快速性，采用近年来新提出的模态分解方法 TVF-EMD 和 VMD 与其进行比较。此外，HTFIF 是在 FIF 的基础上发展起来的，因此，也对 FIF 和 HTFIF 进行了比较。

现在考虑由一个间歇信号和两个正弦信号组成的受白噪声 $n(t)\sim N(0,t)$ 干扰的人工信号 $f_1(t)$，$0\leqslant t\leqslant 5$，其表达式如下：

$$
\begin{cases}
s_1(t)=\sin(\pi t) & t\in[0,\ 5] \\
s_2(t)=\sin(4\pi t) & t\in[0,\ 5] \\
s_3(t)=\begin{cases}\sin(55\pi t) & t\in(1,\ 1.5)\cup(2.5,\ 3)\cup(4,\ 4.5)\\ 0 & \text{其他}\end{cases} & \\
f_0(t)=s_1+s_2+s_3 & t\in[0,\ 5] \\
f_1(t)=f_0+n(t) & t\in[0,\ 5]
\end{cases}
\tag{3-11}
$$

混合信号$f_1(t)$及其真实分量如图3－1所示。

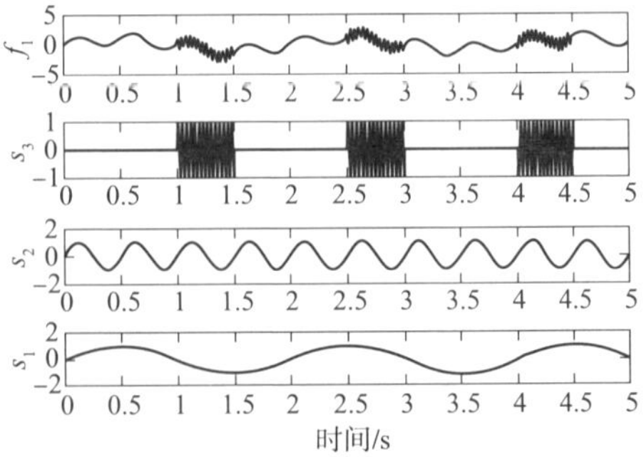

图3－1　混合信号及其分量

分别对混合信号$f_1(t)$执行VMD（模数K取4）、TVF－EMD（带宽阈值为0.4、B样条阶数为20）、FIF（滤波器调节参数ζ取4）和HTFIF（滤波器调节参数ζ取4，阈值τ取0.8）分解，结果如图3－2所示。可见，VMD方法分解的结果中存在严重模混叠现象。TVF－

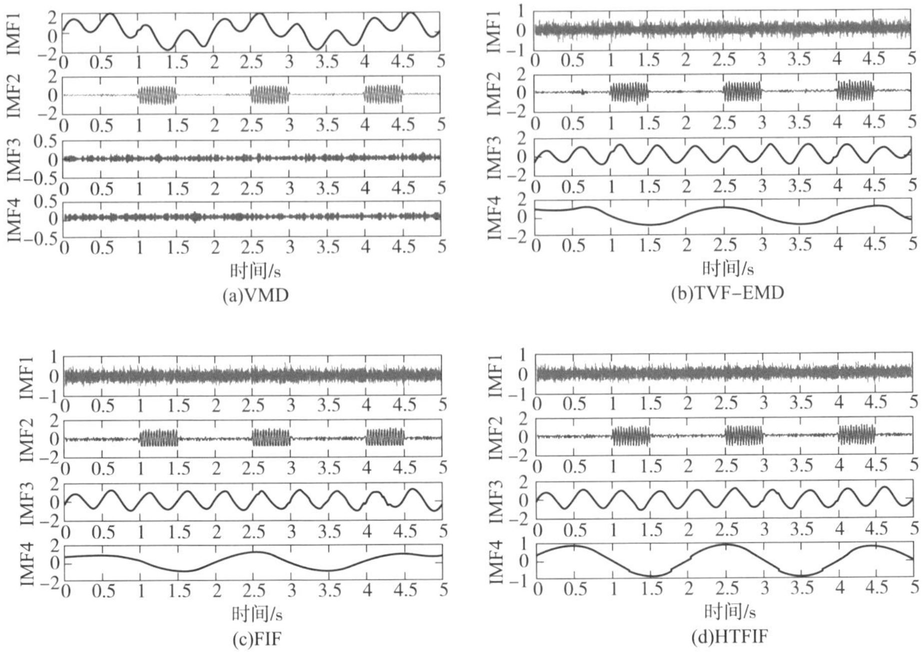

(a)VMD　(b)TVF-EMD　(c)FIF　(d)HTFIF

图3－2　分解结果

EMD、FIF 和 HTFIF 都能从混合信号中分离出真实成分，其中第一个和第二个 IMF 分别对应噪声和间歇信号，最后两个 IMF 分别对应正弦信号 s_2 和 s_1。这三种方法分解的结果几乎相当，很难从波形中判断哪一种更好。

为了进一步评价 TVF－EMD、FIF 和 HTFIF 的分解性能，这里使用了相对误差。对于谐波分量 s_2，相对误差可以表示为：

$$e(f)=\frac{\|s_2-IMF3\|_2}{\|s_2\|_2} \tag{3-12}$$

计算三种方法的相对误差，结果如表 3－1 所示，HTFIF 的相对误差为 0.1899，和 FIF 的结果几乎持平，但低于 TVF－EMD(0.2032)的。因此，与 TVF－EMD 和 FIF 相比，HTFIF 具有较高的分解精度。

表 3－1　三种方法的相对误差

算法	TVF－EMD	FIF	HTFIF
$e(f)$	0.2032	0.1901	0.1899

为了对 HTFIF 方法的执行速度进行评估，以 MATLAB2017b 为操作软件，在 Windows10，64 位操作系统下，在配置为英特尔酷睿 i5－8265U 的 CPU 和 8.0GB RAM 的计算机上比较了 TVF－EMD、FIF 和 HTFIF 三种方法的执行效率。计算结果如表 3－2 所示，HTFIF 分解的运行时间为 0.0131s，远小于 TVF－EMD(6.2783s)和 FIF(0.0972s)的。结果表明，HTFIF 分解效率最高，几乎是即时完成的，可作为滚动轴承实时监测和在线诊断的候选方法。

表 3－2　三种方法的计算时间

算法	TVF－EMD	FIF	HTFIF
时间/s	6.2783	0.0972	0.0131

3.2　敏感 IMF 选择的 L－KCA 指标

振动信号经 HTFIF 分解后，如何选择故障信息丰富的敏感 IMF 仍然是一个棘手的问题。目前广泛使用的敏感 IMF 选择的分析方法主要有排列熵法、相关系数法、峭度法等。其中排列熵可以在一定程度上量化信号的复杂性，但计算速度较慢，影响算法的实时性。相关系数法自适应性强，可以将 IMF 分为敏感 IMF 和不敏感 IMF 两簇，但分辨力小，在阈值附近容易被误判。尽管脉冲信号的峭度值较高，但对异常值、噪声和稀疏性敏感。L－峭度对异常值具有鲁棒性，对故障脉冲序列本身更敏感可以弥补峭度法的缺陷。以上几种方法主要关注信号的一般统计分布，可能忽略了振动信号的具体特征。自相关函数脉冲谐波噪声比（Autocorrelation Function Impulse Harmonic to Noise Ratio，ACFHNR）指标可以反映周期冲击谐波与振动信号中噪声分量的比值，但对干扰谐波较敏感。本节基于L－峭度、相关系数和ACFHNR的优势互补，提出了一种新的融合指标L－KCA选择敏感的IMF。

3.2.1 L－KCA基本理论

1. L－峭度（L－kurtosis）

给定一个实值随机变量X，设其相关累积分布函数为$F(x)=P(X\leqslant x)$，$F(x)$的逆函数为$x(F)$。设$X_{1:n}\leqslant X_{2:n}\leqslant\cdots X_{n:n}$为大小为$n$的随机样本$X$按升序排列的统计量。Hosking定义$X$的第$r$阶矩为：

$$\lambda_r=\frac{1}{r}\sum_{k=0}^{r-1}(-1)^k\binom{r-1}{k}E(X_{r-k:r}),r=1,2\cdots \tag{3-13}$$

其中：

$$EX_{j:r}=\frac{r!}{(j-1)!(r-j)!}\int x[F(x)]^{j-1}[1-F(x)]^{r-j}\mathrm{d}F(x) \tag{3-14}$$

计算前四阶L－矩如下：

$$\lambda_1=EX=b_0=\int_0^1X\mathrm{d}F \tag{3-15}$$

$$\lambda_2=\frac{1}{2}E(X_{2:2}-X_{1:2})=2b_1-b_0=\int_0^1X(2F-1)\mathrm{d}F \tag{3-16}$$

$$\lambda_3=\frac{1}{3}E(X_{3:3}-2X_{2:3}+X_{1:3})=6b_2-6b_1+b_0=\int_0^1X(6F^2-6F+1)\mathrm{d}F \tag{3-17}$$

$$\begin{aligned}\lambda_4&=\frac{1}{4}E(X_{4:4}-3X_{3:4}+3X_{2:4}-X_{1:4})=20b_3-30b_2+12b_1-b_0\\&=\int_0^1X(20F^3-30F^2+12F-1)\mathrm{d}F\end{aligned} \tag{3-18}$$

根据以上结果，L－kurtosis可以表示为：

$$\text{L-kurtosis}=\frac{\lambda_4}{\lambda_2} \tag{3-19}$$

2. 自相关函数脉冲谐波噪声比指标（ACFHNR）

一般周期信号的自相关函数能量呈周期性分布，而白噪声信号的自相关函数能量主要集中在零点处，在非零点处变为零，因此可用自相关函数周期脉冲谐波噪声比(ACFHNR)检测周期性脉冲故障特征。计算过程如下。

对一长度为 N 的信号 $x(t)$，其希尔伯特变换(HT)$\hat{x}(t)$，可表示为：

$$\hat{x}(t) = H[x(t)] = \frac{1}{\pi}\int_{-\infty}^{+\infty}\frac{x(\tau)}{t-\tau}\mathrm{d}\tau \tag{3-20}$$

y 为 $\hat{x}$ 的绝对值，即：

$$y = |\hat{x}(t)| \tag{3-21}$$

去除 y 的直流分量。需要注意的是，为了实现无量纲化，在此过程中，在 y 减掉其均值后还需要除以其标准差，表示为：

$$s(t) = \frac{y(t) - \mathrm{mean}(y)}{\sqrt{\frac{1}{N}\sum_{i=1}^{N}(y_i - \bar{y})^2}} \tag{3-22}$$

$s(t)$的自相关函数 $R(\mu)$为：

$$R(\mu) = E[s(n+\mu)s(n)] \tag{3-23}$$

式中，$E[\cdot]$为期望算子；$s(n)^*$ 为 $s(n)$的共轭。

ACFHNR 指标可表示为：

$$\mathrm{ACFHNR} = \frac{\sum_{i=1}^{k}R_{\mathrm{en}}(kN_T)}{R_{\mathrm{en}}(0)} \tag{3-24}$$

式中，$\sum_{i=1}^{k}R_{\mathrm{en}}(kN_T)$ 为自相关函数 $R(\mu)$的第 k 个脉冲周期的能量值；$R_{\mathrm{en}}(0)$为自相关函数 $R(\mu)$在零点的能量值。建议 $k=3$。

3. L－KCA 指标

本节对上述三个指标优势互补，得到一个融合指数 L－KCA，计算过程如下。

首先，计算各 IMF 的 L－峭度、ACFHNR 值以及各 IMF 与原始振动信号的相关系数；其次，使用以下最小－最大缩放公式以相同比例对其进行归一化：

$$\lambda_{\mathrm{norm}}(k) = \frac{\lambda(k) - \min(\lambda)}{\max(\lambda) - \min(\lambda)} \tag{3-25}$$

最后，各 IMF 的 L－KCA 指标计算如下：

$$\mathrm{L-KCA}(k) = \lambda_{\mathrm{L-kurtosis}}(k)\cdot\lambda_{\mathrm{Corre.\,Coe.}}(k)\cdot\lambda_{\mathrm{ACFHNR}}(k) \tag{3-26}$$

显然，L－KCA 指标的限值设置为[0，1]，L－KCA 指标越大，振动信号中包含的周期性冲击特征就越多。

3.2.2　性质讨论

为了说明所提敏感 IMF 选择指标 L－KCA 的有效性和优越性，将 L－KCA 与峭度、L－峭度、ACFHNR 和相关系数进行了比较。

被测信号 $S(t)$ 表示为：

$$S(t) = x(t) + n(t) \tag{3-27}$$

式中，$x(t)$ 为故障瞬态脉冲序列；$n(t)$ 为噪声信号；混合信号 $S(t)$ 的 SNR 设置为 －1dB 至 －15dB。

HTFIF 在不同信噪比下分解所得敏感 IMF 的指标如图 3－3 所示。由图 3－3 可以看出，当混合信号的 SNR 从 －1dB 到 －15dB 变化时，所有指标逐渐降低，这表明所有指标都可以区分敏感的 IMF。L－KCA 指数在各项指标中具有最好的分辨率，表明本章所提的 L－KCA 指标在确定滚动轴承的周期性脉冲特征方面优于其他指标。此外，值得注意的是，峭度值在较高的噪声水平下会发生突变，这是由于峭度指标容易受到随机事件导致的异常值的影响。这可能会误导检测决策。与传统峭度相比，L－峭度具有更好的鲁棒性和可靠性，这就是为什么我们在融合指数 L－KCA 中选择 L－峭度而不是峭度的原因。

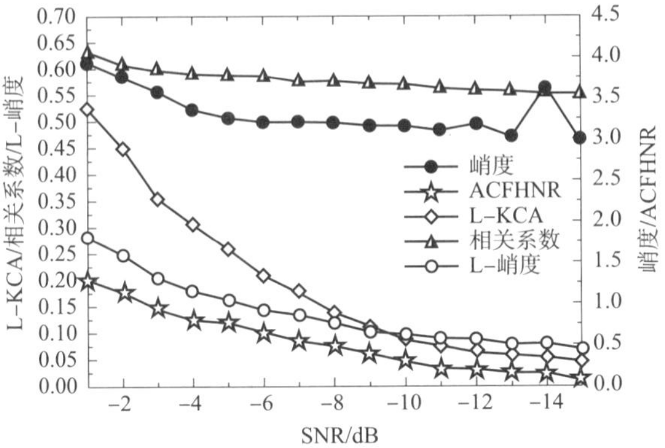

图 3－3　敏感 IMF 指标的比较结果

3.3　*k* 值改进的对称差分解析能量算子

由于对称差分序列具有良好的平滑滤波性能以及噪声鲁棒性。此外，由于不相邻采样点可以减少误差偶然性，提高降噪能力和滤波效果。因此，为了快速、准确地从严重污染的信号中提取轴承的故障特征，此处在信号中使用了间隔 k 的三个采样点以改进对称差分序列，提出 k 值改进的对称差分解析能量算子 k－SDAEO，既保留了 SDAEO 的优点，又在低信噪比下具有更好的鲁棒性。

3.3.1 k－SDAEO 的基本原理

k－SDAEO 是在解析信号的基础上发展而来的。假设一个调制信号：

$$x(t)=A(t)\cos\varphi(t) \tag{3-28}$$

其解析形式为：

$$x(t)=|x(t)|[\cos\varphi(t)+j\sin\varphi(t)]=A(t)e^{j\varphi(t)} \tag{3-29}$$

式中，$A(t)$是瞬时振幅。

设 $\hat{x}(t)$是 $x(t)$的希尔伯特变换，则瞬时振幅可表示为：

$$A(t)=\pm|x(t)|=\pm\sqrt{x^2(t)+\hat{x}^2(t)} \tag{3-30}$$

其瞬时相位 $\varphi(t)$可表示为：

$$\varphi(t)=\arctan\frac{\hat{x}(t)}{x(t)} \tag{3-31}$$

而瞬时频率可以用瞬时相位的一阶导数表示，即：

$$w(t)=\varphi'(t)=\frac{x(t)\hat{x}'(t)-x'(t)\hat{x}(t)}{A^2} \tag{3-32}$$

因此有：

$$x(t)\hat{x}'(t)-x'(t)\hat{x}(t)=A^2(t)w(t) \tag{3-33}$$

包括幅值解调和频率解调，因此被称为解析能量算子（AEO），可用 $\Gamma[x(t)]$ 表示为：

$$\Gamma[x(t)]=x'(t)\hat{x}(t)-x(t)\hat{x}'(t) \tag{3-34}$$

式中，$\hat{x}'(t)$是 $x(t)$的希尔伯特变换的一阶导数。

式（3－34）的离散形式可表示为：

$$\Gamma[x(n)]=x'(n)\hat{x}(n)-x(n)\hat{x}'(n) \tag{3-35}$$

同时，对于离散时间信号 $x(n)$，Teager 能量算子采用前向差分 $\dot{x}(n)=x(n+1)-x(n)$逼近时间导数。然而，通过前向差分求导时最大相对误差可达 11%，导致解调精度较低。因此，为了平滑原始离散信号，提高解调精度，对称差分解析能量算子（SDAEO）采用对称差分序列代替前向差分，其表达式为：

$$\dot{x}(n)=\frac{x(n+1)-x(n-1)}{2} \tag{3-36}$$

为了提高能量算子的噪声鲁棒性，本节在信号中使用间隔 k 的三个采样点改进对称差分求导方法，得到：

$$\dot{x}(n)=\frac{x(n+k)-x(n-k)}{2} \tag{3-37}$$

最后，将式(3－35)与式(3－37)相结合，得出改进的 k 值对称差分解析能量算子(k－SDAEO)，其表达式为：

$$\Gamma[x(n)]=\frac{[x(n+k)-x(n-k)]\cdot h[x(n)]}{2}-\frac{h[x(n+k)-x(n-k)]\cdot x(n)}{2}$$
$$=\frac{1}{2}[\mathrm{Re}(n+k)\mathrm{Im}(n)-\mathrm{Re}(n-k)\mathrm{Im}(n)-\mathrm{Re}(n)\mathrm{Im}(n+k)+\mathrm{Re}(n)\mathrm{Im}(n-k)] \tag{3-38}$$

式中，$h[n]=H[x(n)]$，表示 $x(n)$ 的离散傅里叶变换。

3.3.2 k－SDAEO 的信噪比增强

由于所提 k－SDAEO 具有非线性特性，其解调性能难以分析。显然，较大的信噪比提高(SNRI)会带来更好的解调性能。因此，在本节中建议用信噪比的提高间接评价 k－SDAEO 的解调性能。设 $s(n)$ 为长度为 N 的原始信号，$v(n)$ 为 k－SDAEO 降噪后的信号，给出 k－SDAEO 的 SNRI 的定义，如下：

$$SNRI=10\log\left[\frac{\frac{1}{N}\sum_{n=1}^{N}|v(n)|^2}{\frac{1}{N}\sum_{n=1}^{N}|s(n)-v(n)|^2}\right] \tag{3-39}$$

3.4 所提 HTFIF－k－SDAEO 方法的步骤

综上分析，本章基于 HTFIF 分解、IMF 选择指标 L－KCA 和改进的 k－SDAEO 解调技术，提出了一种滚动轴承故障特征快速提取的联合方法 HTFIF－k－SDAEO，其技术路线如图 3－4 所示，详细说明如下。

(1)采用 HTFIF 将采集到的振动信号分解成一组具有唯一信息的 IMF 分量。

(2)计算每个 IMF 的 L－KCA 指标，选择具有最大 L－KCA 值的分量作为敏感 IMF；计算敏感 IMF 在不同分辨率参数 k 下经过 k－SDAEO 处理的信噪比提高(SNRI)。

(3)选择具有最大 SNRI 值的 k－SDAEO 对敏感的 IMF 分量进行解调处理，从 k－SDAEO 能量谱中识别出轴承的故障特征频率及其谐波。

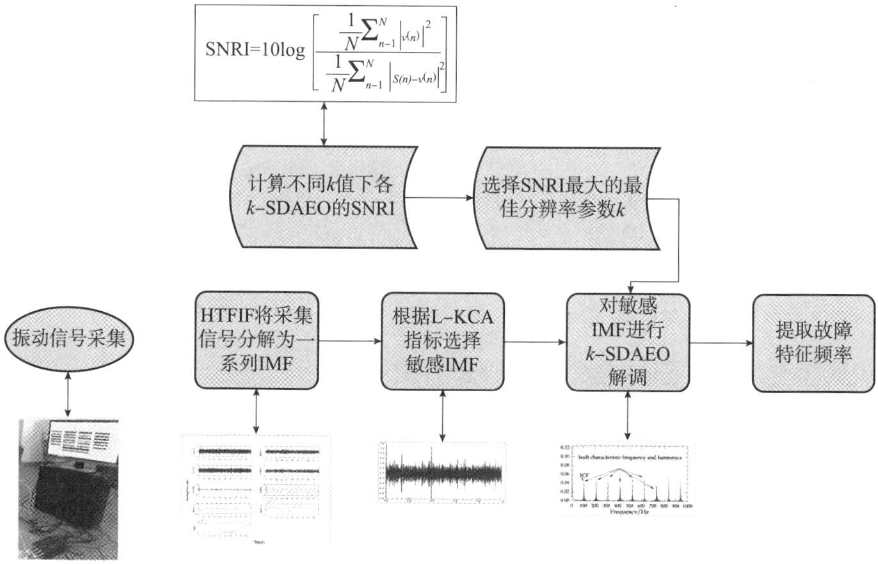

图 3－4　HTFIF－k－SDAEO 方法的技术路线

3.5　仿真验证和分析

3.5.1　故障轴承的模拟信号

由于故障轴承的振动信号通常是轴承缺陷诱发的周期性脉冲信号伴随背景噪声和非监测部件振动干扰的混合信号，为了验证所提 HTFIF－k－SDAEO 方法的可行性和优越性，分别对低噪声水平和高噪声水平的故障轴承模拟信号 $f_1(t)$ 和 $f_2(t)$，以及高噪声水平伴随谐波干扰的故障信号 $f_3(t)$ 进行了测试，并与其他常规方法进行了比较。轴承故障和谐波干扰的仿真表达式如下：

$$x(t) = A_m e^{-2\alpha\pi f_n} \sin(2\pi f_n \sqrt{1-\alpha^2} t) \tag{3-40}$$

$$I(t) = A_h g(t) = A_h \sum_{i=1}^{H} g_i(t) = A_h \sum_{i=1}^{H} \sum_{j=1}^{K} B_{ij} \sin(2\pi j f_{hi}) \tag{3-41}$$

$$f_1(t) = x(t) + n_1(t) \tag{3-42}$$

$$f_2(t) = x(t) + n_2(t) \tag{3-43}$$

$$f_3(t) = x(t) + I(t) + n_2(t) \tag{3-44}$$

式中，$x(t)$ 为瞬态故障冲击信号；A_m 为故障脉冲的振幅，设置为 5；阻尼系数 α 设置为 0.1；共振频率 f_n 为 2000Hz；模拟中故障特征频率 f_c 为 105Hz。$I(t)$

为谐波干扰信号；A_h 为干扰谐波的幅值；H 为干扰分量的数目；K 为第 i 组干扰的谐波数量；B_{ij}为第 i 组干扰的 j 次谐波的幅值；f_{hi}为第 i 个干扰的基频，这里添加了三个振动干扰频率(73Hz、135Hz 和 183Hz)。$n_1(t)$、$n_2(t)$ 为加性高斯白噪声。每个模拟信号的采样点数量设置为 12000，采样频率设置为 12kHz。

3.5.2 低噪声水平的轴承故障特征提取

在故障信号 $f_1(t)$ 中加入的高斯白噪声 $n_1(t)$ 信噪比为 -6dB，噪声信号及频谱如图 3-5 所示。从时域图中看不到间隔均匀的故障冲击特征，故障特征频率完全掩盖在噪声主导的频谱中，无法识别。

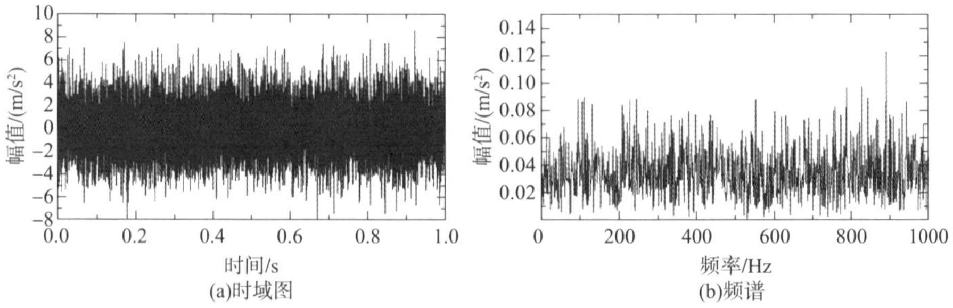

图 3-5 低噪声水平轴承故障模拟信号

考虑到在这种情况下噪声水平较低，可无须预滤波，直接采用基本能量算子 TEO 和所提能量算子 k-SDAEO 进行处理。由于 $k>5$ 时轴承的故障特征频率难以提取，这里只考虑了 $k=1$、2、3、4、5 时的情况。值得注意的是 $k=1$ 时 k-SDAEO 退化为 SDAEO。不同 k 值下 k-SDAEO 的 SNRI 值计算结果如表 3-3 所示。显然，在 $k=2$ 时 k-SDAEO 的 SNRI 有最大值。故，最佳分辨率参数 $k=2$。

表 3-3 k-SDAEO 在不同 k 值的 SNRI　　dB

k	1(SDAEO)	2	3	4	5
SNRI	-0.5233	-0.3215	-2.387	-1.0202	-1.1835

TEO 和各 k-SDAEO($k=1$、2、3、4、5)的能量谱如图 3-6 所示。由图 3-6 可以看出，在低噪声水平情况下，这几种能量算子都能从被污染信号中识别出故障特征频率及其谐波，而 TEO、3-SDAEO 和 5-SDAEO 能量谱中依然存在大量噪声；SDAEO 和 4-SDAEO 能量谱中的故障特征频率的谐波不连续；2-SDAEO 可以清晰地识别出故障特征频率及其连续九次谐波。

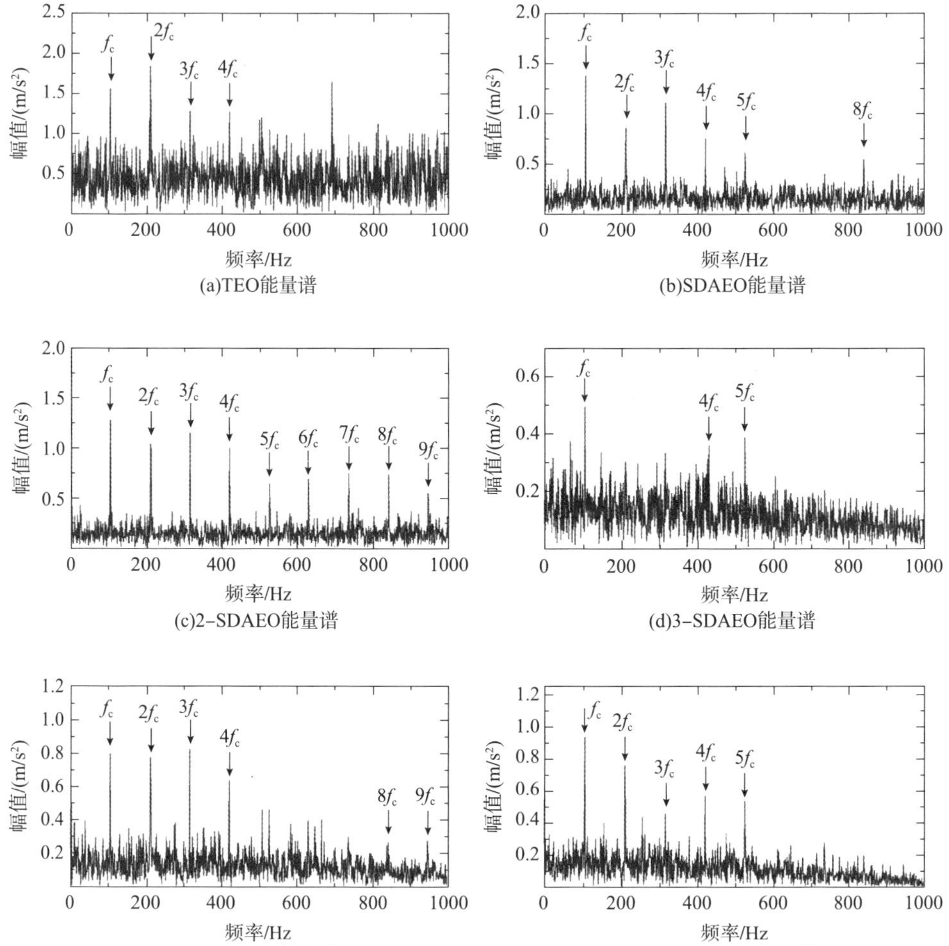

(a)TEO能量谱 (b)SDAEO能量谱

(c)2-SDAEO能量谱 (d)3-SDAEO能量谱

(e)4-SDAEO能量谱 (f)5-SDAEO能量谱

图3-6 低噪声水平轴承模拟信号能量谱

此外，采用式(2-58)所描述的谱能量占比作为评价函数，计算六种能量算子的谱能量占比，结果如表3-4所示。显然，2-SDAEO的谱能量占比最高，为23.57%。从而验证了本次所提的 k-SDAEO算法的优越性，同时表明了SNRI对 k-SDAEO的最佳 k 值选择的可靠性。

表3-4 六种能量算子的谱能量占比 %

能量算子	TEO	SDAEO	2-SDAEO	3-SDAEO	4-SDAEO	5-SDAEO
谱能量占比	4.12	20.32	23.57	3.13	10.22	9.14

3.5.3 高噪声水平的轴承故障特征提取

在故障信号 $f_2(t)$ 中加入的高斯白噪声 $n_2(t)$ 信噪比为 -10dB。含噪混合信号及其频谱如图 3-7 所示，在时域图中故障冲击特征完全被噪声掩盖，从频谱图中识别不出故障特征频率及其任何谐波。因此，从原始信号中无法对故障做出判断。

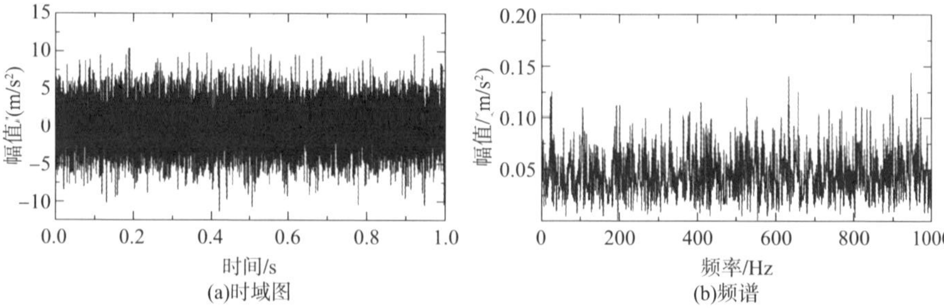

图 3-7 高噪声水平轴承模拟信号

首先，计算 $k=1$、2、3、4、5 时 k-SDAEO 的 SNRI，结果如表 3-5 所示。显然，$k=4$ 时 k-SDAEO 的 SNRI 有最大值。故，最佳分辨率参数 $k=4$。

表 3-5 k-SDAEO 在不同 k 值的 SNRI　　dB

k	1(SDAEO)	2	3	4	5
SNRI	-1.7553	-1.3257	-4.342	-0.3502	-2.1273

直接使用 4-SDAEO 对模拟信号进行处理，并同时使用几种新型能量算子 HO-AEO、SD-AEO 和本书第 2 章所提的 SHO-AEO 技术与其进行对比，结果如图 3-8 所示。可见，HO-AEO 无法检测出故障特征相关信息。从 SD-AEO 谱中除了故障特征频率的 2 倍频，看不到其他特征相关信息。而 SHO-AEO 和 4-SDAEO 可以检测出故障特征频率及其部分谐波。从而验证了本书所提的两种能量算子 k-SDAEO 和 SHO-AEO 的提取能力优于 HO-AEO 和 SDAEO。

虽然，SHO-AEO 和 4-SDAEO 可以检测出故障特征频率及其谐波，但背景噪声严重，谐波不连续。鉴于此，采用第 2 章所提 IFNLM-SHOAEO 方法对此模拟故障信号进行处理。先采用 IFNLM 对原始信号进行降噪，然后利用 SHO-AEO 对降噪后的信号进行解调分析，结果如图 3-9 所示。可以看出与原始信号相比，降噪后的信号有效地去除了大量的背景噪声，并可识别出含有故障信息的脉冲。从 SHO - AEO 谱中，可以清晰地观测到轴承故障特征频率以及其连续的八次谐波。与直接用能量算子处理的结果进行对比(图 3 - 8)，再一次验证了第 2 章所提 IFNLM - SHOAEO 方法提取性能的优越性。

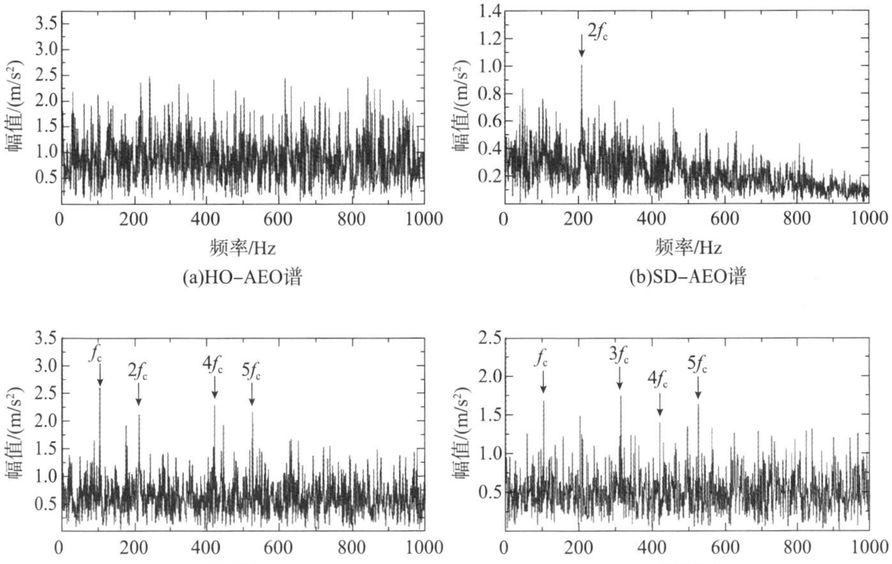

(a)HO-AEO谱 (b)SD-AEO谱

(c)SHO-AEO谱 (d)4-SDAEO谱

图 3 - 8　高噪声水平轴承模拟信号能量谱

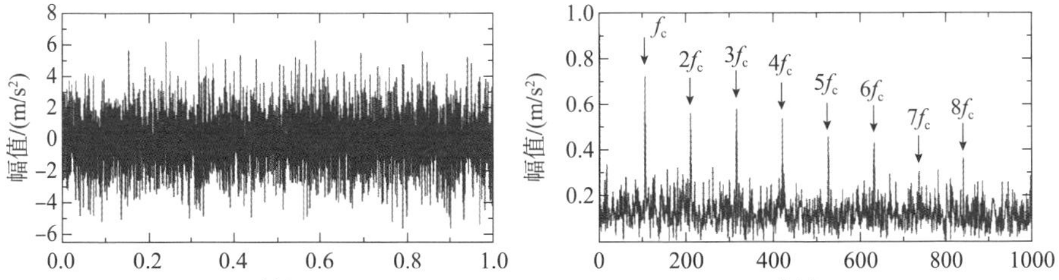

(a)IFNLM滤波后的信号 (b)SHO-AEO能量谱

图 3 - 9　IFNLM - SHOAEO 方法处理结果

3.5.4　高噪声水平和谐波干扰并存的故障特征提取

为了进一步增加轴承故障特征提取的难度，在故障信号 $f_3(t)$ 中加入信噪比为 - 10dB 的高斯白噪声 $n_2(t)$，同时添加三个频率分别为 73Hz、135Hz 和 183Hz 的谐波干扰。混合信号时域波形及其频谱如图 3 - 10 所示。从时域图中看不到间隔均匀的故障冲击特征；在其频谱中，干扰谱线突出，故障特征脉冲信息完全被掩盖，无法识别。

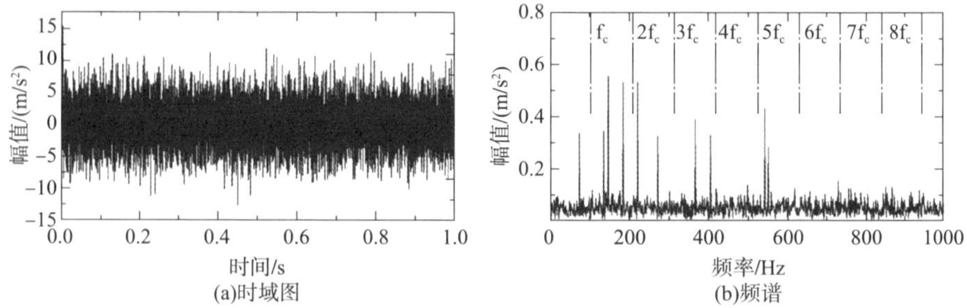

图3-10 高噪声水平和谐波干扰并存的故障信号

同样，首先直接采用能量算子对高噪声水平和谐波干扰并存的轴承模拟故障信号进行处理。由于前文已经证明了本次研究所提能量算子 k-SDAEO 和上一章所提能量算子 SHO-AEO 的故障特征提取性能优于基本能量算子 TEO 及其改进版本 SDAEO 和 HO-AEO，因此，这里只采用 k-SDAEO 和 SHO-AEO 对此模拟信号进行分析。为了确定 k-SDAEO 的最佳分辨率参数 k，同样计算了 k-SDAEO 在不同 k 值时的 SNRI 值，结果如表3-6 所示。显然，$k=2$ 时 k-SDAEO 的 SNRI 值最大，因此选择 2-SDAEO 为最佳 k-SDAEO。

表3-6 k-SDAEO 在不同 k 值的 SNRI dB

k	1(SDAEO)	2	3	4	5
SNRI	-0.8622	-0.4571	-1.3974	-0.8962	-1.0235

分别采用 2-SDAEO 和 SHO-AEO 对原始轴承故障模拟信号进行解调分析，结果如图3-11 所示。显然，从两者的能量谱中均不能识别出轴承故障特征频率及其任何阶次的谐波。

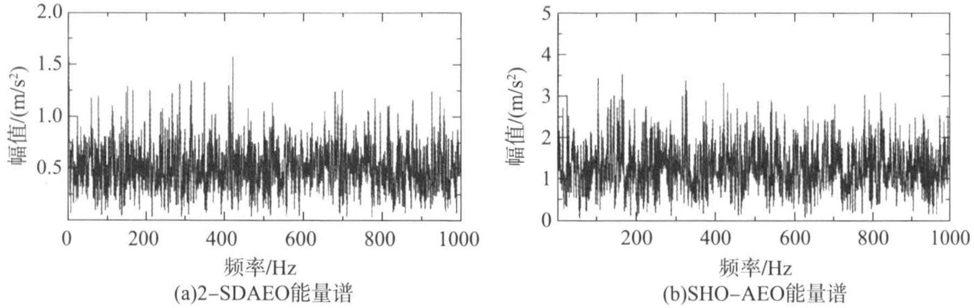

图3-11 高噪声水平和谐波干扰并存的模拟信号能量谱

可见，若要将轴承故障特征从强背景噪声和谐波干扰并存的环境中提取出来，单使用能量算子一种技术比较困难，需要结合其他技术优势互补、分而治之。因此，这里采用第 2 章所提方法，首先利用 IFNLM 对原始信号进行滤波降噪，其次对降噪后的信号进行 SHO－AEO 解调，结果如图 3－12 所示。

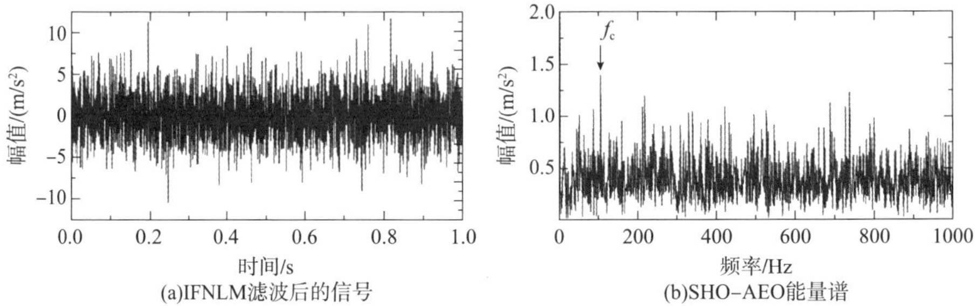

图 3－12　IFNLM－SHOAEO 方法处理结果

可见，与原始信号相比，经过 IFNLM 处理后，有效地去除了大量的噪声，但仍不能清楚地识别出含有故障信息的周期性脉冲。利用 SHO－AEO 方法对降噪后的信号进行解调，在噪声和干扰占主导的谱图中只可以识别出故障特征频率 f_c，但其谐波依然掩盖在噪声和干扰中。

鉴于此，采用本章提出的 HTFIF－k－SDAEO 方法对模拟故障信号进行处理。首先，利用 HTFIF 对原始故障信号进行分解，结果得到 11 个 IMF 分量，如图 3－13 所示。其次，为了选择包含丰富故障特征信息的敏感分量，分别计算各 IMF 的峭度值、相关系数和 L－KCA 值，结果如图 3－14 所示。

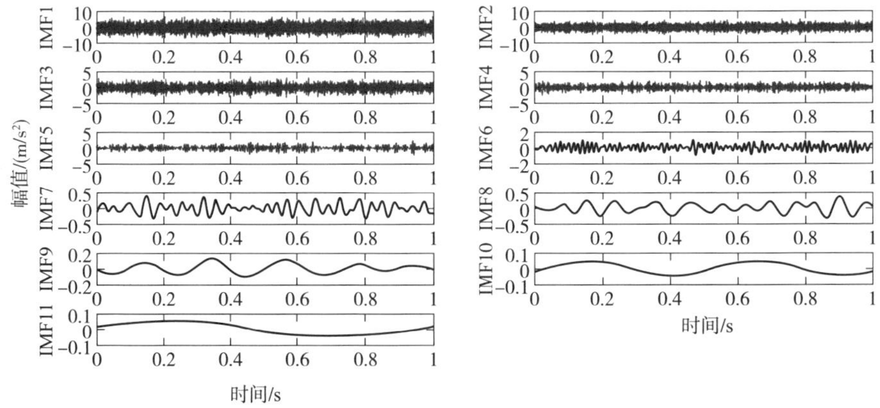

图 3－13　HTFIF 对模拟信号的分解结果

由图 3－14 可以看出，IMF1 的峭度、L－峭度和相关系数指标大于其他分量，而 IMF2 的 L－KCA 指标值最大。为了确定有效分量，对 IMF1 和 IMF2 分量分别进行包络谱分析，如图 3－15 所示。

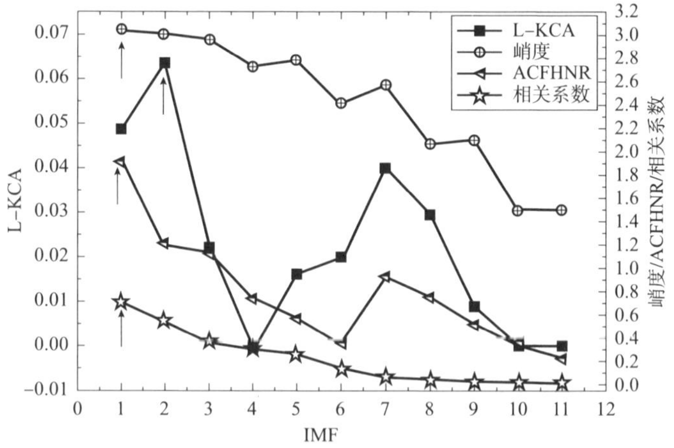

图 3－14 HTFIF 分解的各 IMF 分量的指标

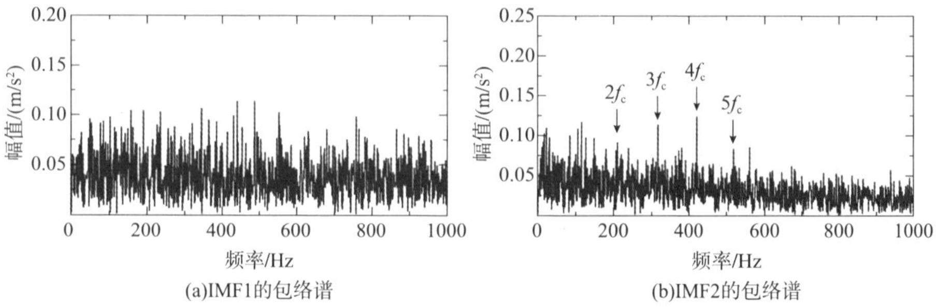

图 3－15 HTFIF 分解的 IMF 分量的包络谱

由图 3－15 可以看出，IMF1 的包络谱完全由噪声主导，从中看不到任何故障特征相关信息。然而，从 IMF2 的包络谱中可以识别出故障特征频率的 2～4 次谐波，表明 IMF2 含有丰富故障信息，是敏感分量。同时，验证了我们提出的 L－KCA 指标在选择敏感 IMF 分量时，优胜于目前常用的峭度和相关系数两个指标。尽管经 HTFIF 处理后，大量噪声和部分干扰被分离，从其敏感分量的包络谱中可识别出相关故障特征，但干扰和噪声仍然存在，故障特征频率本身仍然掩盖在噪声中，效果并不理想。采用 k－SDAEO 对敏感 IMF 进行处理，在解调的同时再进一步提高信噪比和故障冲击的谱峰。同样，在此之前需要根据最大 SNRI 确定最佳 k 值。

计算各 k－SDAEO 的 SNRI，结果如表 3－7 所示。显然，在 $k=4$ 时 k－SDAEO 的 SNRI 有最大值。故，最佳分辨率参数 $k=4$。敏感 IMF 的4－SDAEO 能

量谱如图 3－16 所示，轴承故障特征频率及其连续 8 次谐波清晰可见。显然，与 IMF2 的包络谱［图 3－15(b)］相比，故障特征得到了进一步增强。

表 3－7　k－SDAEO 在不同 k 值的 SNRI　dB

k	1(SDAEO)	2	3	4	5
SNRI	－0.4743	－0.5023	－2.3118	－0.3512	－0.8822

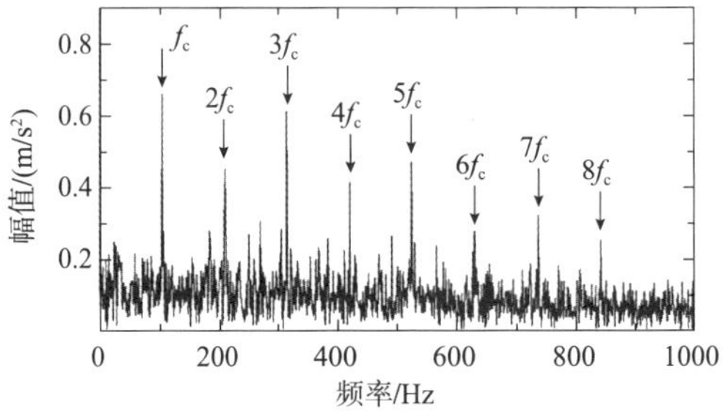

图 3－16　HTFIF 分解的敏感 IMF 的 4－SDAEO 能量谱

为了进一步证明 HTFIF－k－SDAEO 方法的优越性，采用近年来流行的信号分解方法 TVF－EMD 和 VMD 进行了对比分析。VMD 方法的模态数 k 设置为 6，得到 6 个 IMF；TVF－EMD 的带宽阈值设置为 0.25，B 样条阶数为 27，得到 14 个 IMF。由两种模式分解方法分解的 IMF 如图 3－17 所示。注意，这里舍弃过度分解产生的对故障特征信息毫无贡献的低频分量，只给出了由 TVF－EMD 分解的前 6 个 IMF 分量，以匹配 VMD 分解的 IMF 个数。

对两种模态分解方法产生的分量，根据最大 L－KCA 指标，进行敏感 IMF 的选取。计算各 IMF 的 L－KCA 值，结果如图 3－18 所示。

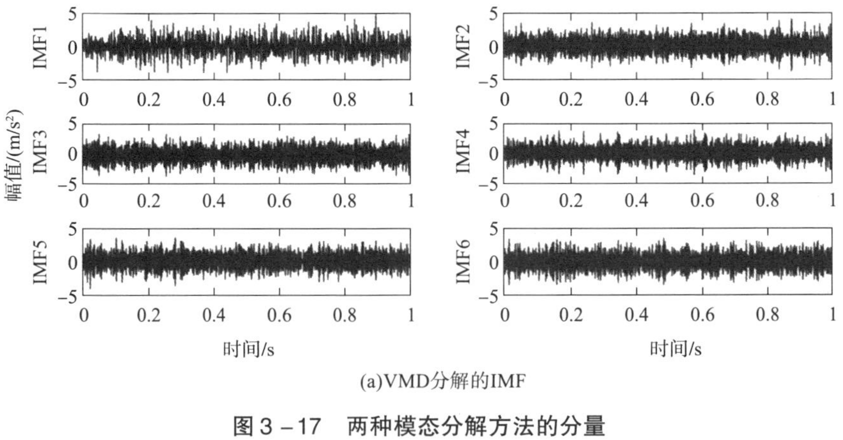

(a)VMD分解的IMF

图 3－17　两种模态分解方法的分量

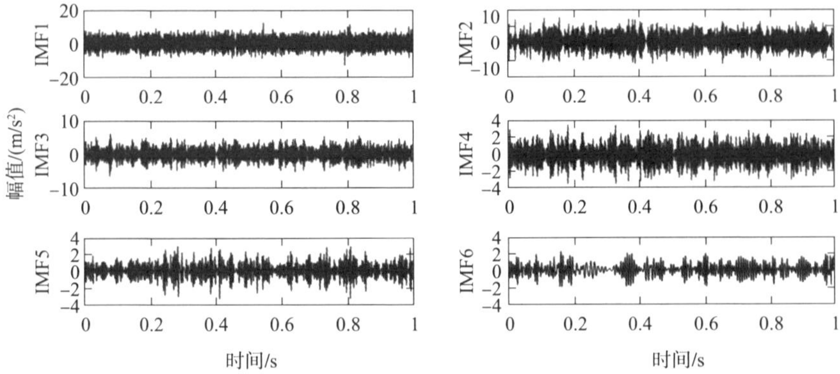

(b)TVF-EMD分解的前6个IME

图3－17　两种模态分解方法的分量(续)

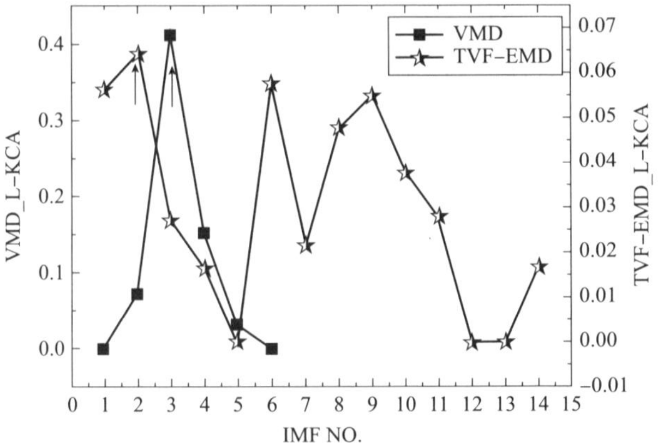

图3－18　两种方法分解的各 IMF 的 L－KCA 指标

根据最大 L－KCA 准则，选取 VMD 中的第三个 IMF 和 TVF－EMD 中的第二个 IMF 为敏感 IMF。对两种方法得到的敏感 IMF，计算其 k－SDAEO 在不同 k 值时的 SNRI 值，结果如表 3－8 所示。

表3－8　两种方法所得敏感 IMF 的 k－SDAEO 在不同 k 值的 SNRI　　dB

k	1(SDAEO)	2	3	4	5
VMD 的 SNRI	－0.8743	－1.0302	－0.8698	－0.8097	－1.3658
TVF－EMD 的 SNRI	－0.2467	－0.2119	－1.0474	－0.6074	－0.8738

根据最大 SNRI，4－SDAEO 和 2－SDAEO 分别是 VMD 和 TVF－EMD 的最佳 k－SDAEO，其能量谱图如 3－19 所示。虽然基于 VMD 和 TVF－EMD 的方法可以提取出故障特征频率及其部分谐波，但效果显然不及本章所提的 HTFIF－k－

SDAEO 方法(图 3 – 16)。

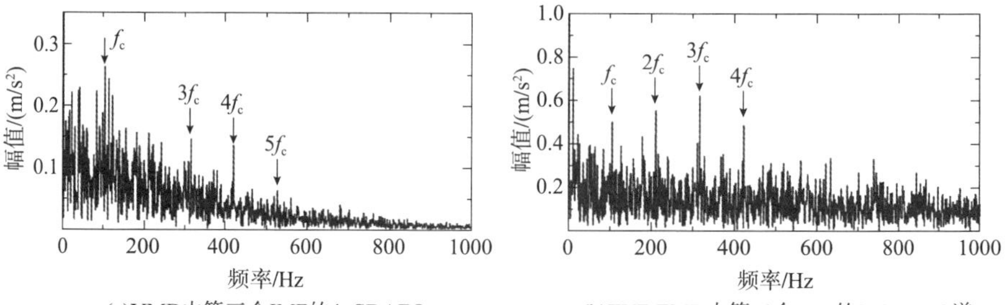

(a)VMD中第三个IMF的4-SDAEO (b)TVF-EMD中第二个IMF的2-SDAEO谱

图 3 – 19 VMD 和 TVF – EMD 敏感 IMF 的最佳 k – SDAEO 能量谱

为了进行定量评估三种方法的处理结果，采用第 2 章式(2 – 54)所描述的谱能量占比作为评价函数，计算结果如表 3 – 9 所示。可见，HTFIF – *k* – SDAEO 的谱能量占比为 10.03%，三者中最高，即本次所提 HTFIF – *k* – SDAEO 方法优于基于 TVF – EMD – *k* – SDAEO 和 VMD – *k* – SDAEO 的方法。

表 3 – 9 三种方法的谱能量占比

方法	HTFIF – *k* – SDAEO	TVF – EMD – *k* – SDAEO	VMD – *k* – SDAEO
谱能量占比/%	10. 03	2. 43	3. 12

最后，以 MATLAB2017b 为操作软件，在 Windows10，64 位操作系统下，在配置为英特尔酷睿 i5 – 8265U 的 CPU 和 8. 0GB RAM 的计算机上比较了 HTFIF – *k* – SDAEO、VMD – *k* – SDAEO 和 TVF – EMD – *k* – SDAEO 的计算效率。三种方法的计算时间如表 3 – 10 所示，可见，HTFIF – *k* – SDAEO 计算时间为 0. 0391s，显著少于 VMD – *k* – SDAEO(30. 3027s)和 TVF – EMD – *k* – SDAEO(38. 9854s)。

表 3 – 10 三种方法的计算时间

算法	HTFIF – *k* – SDAEO	VMD – *k* – SDAEO	TVFEMD – *k* – SDAEO
时间/s	0. 0391	30. 3027	38. 9854

因此，从以上分析可以看出，虽然 TEO、HO – AEO、SDAEO、*k* – SDAEO 和 SHO – AEO 技术具有较高的计算效率，但均无法从含强噪声背景的复合信号中有效识别出含故障信息的脉冲。第 2 章所提 IFNLM – SHOAEO 方法尽管可以滤除大量背景噪声，提高信噪比，而且具有较高的计算效率，但在强噪声和谐波干扰并存的情况下提取能力有所下降。VMD – *k* – SDAEO 和 TVFEMD – *k* – SDAEO 可以提取出周期性脉冲特征，但效果不佳且耗时较长。然而，本章所提的 HTFIF – *k* –

SDAEO 方法不仅具有很优秀的故障特征提取性能，而且具有较高的计算效率，为滚动轴承故障实时监测和在线诊断提供了一种可行方案。

3.6 实验验证和分析

3.6.1 实验装置

本次实验采用的是新南威尔士大学(UNSW)摩擦与故障诊断中心提供的直齿轮钻机的齿轮箱轴承故障数据。实验装置及其原理图分别如图 3－20 和图 3－21 所示，由三相电机驱动单级齿轮箱，通过液压泵/电机组进行循环。被测故障轴承为 Koyo 1205 双列自调心轴承(图 3－22)，安装在输出轴上，轴承规格如表 3－11 所示。振动信号是通过安装在故障轴承上方变速箱箱体顶部的加速度传感器(虚线标出)采集的。采样频率设置为 48kHz，输出轴转速设置为 360r/min(6Hz)，对轴承外圈、内圈和滚动体故障进行了测试。用 f_r 表示轴承转频，f_o、f_i 和 f_b 分别表示轴承外圈、内圈和滚动体故障特征频率，其值如表 3－12 所示。

图 3－20　齿轮箱轴承故障实验台

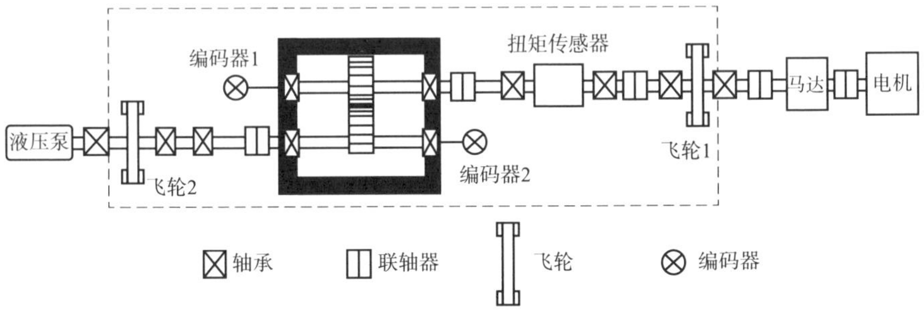

图 3－21　实验台原理图

图 3-22 被测 Koyo 1205 轴承

表 3-11 轴承规格

内径/mm	外径/mm	滚动体直径/mm	节圆直径/mm	滚动体数量/个	接触角/(°)
25	52	7.12	38.5	12	0

表 3-12 轴承故障相关频率

轴	轴承型号	转频 f_r/Hz	轴承故障特征频率/Hz		
			内圈 f_i	外圈 f_o	滚动体 f_b
输出轴	Koyo 1205	6	42.66	29.34	15.67

3.6.2 外圈故障特征提取

使用电火花加工技术在测试轴承的外圈滚道引入宽度为 0.8mm、深度为 0.3mm 的缺口故障，如图 3-23 所示。轴承定位外圈故障在加载区，因为这是故障最有可能发生的位置。

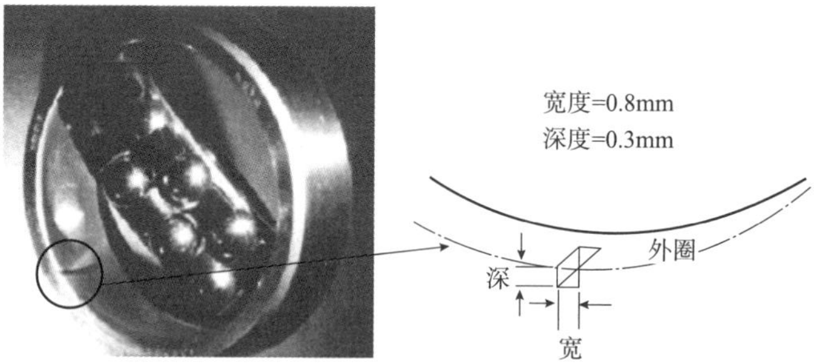

图 3-23 外圈故障

外圈故障信号及其对应的频谱如图 3-24 所示。显然，时域波形无法揭示故障脉冲特征，在其频谱中只观测到了齿轮啮合频率及其谐波。这是由于齿轮箱齿轮啮合产生的冲击振动对轴承故障信号产生了严重干扰，增加了轴承故障特征提取的困难。

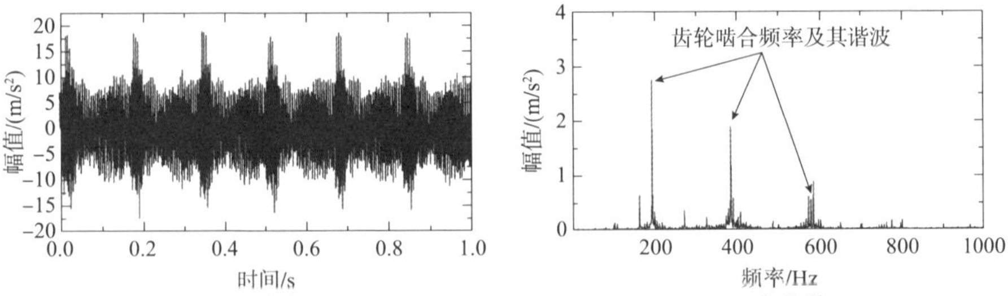

(a)时域波形 (b)包络谱

图 3－24　外圈故障信号

直接采用 TEO、SDAEO、SHO－AEO 和 k－SDAEO 技术对原始振动信号进行解调分析，其中，根据最大 SNRI 准则(表 3－13)，此处最佳分辨率参数 k 选为 2。得到相应的能量谱如图 3－25 所示。可见，几种能量算子谱图相似，都只可以看到转频 f_r 及其倍频，以及齿轮啮合频率 f_m，无法识别出轴承故障特征频率及其谐波。

表 3－13　k－SDAEO 在不同 k 值的 SNRI　dB

k	1(SDAEO)	2	3	4	5
SNRI	－4.5366	－3.8193	－4.7765	－5.0434	－5.3542

鉴于此，采用第 2 章提出的 IFNLM－SHOAEO 方法对轴承外圈故障信号进行分析。IFNLM 的滤波结果和滤波后信号的 SHOAEO 谱如图 3－26 所示。可见，虽然 IFNLM－SHOAEO 可以提取出轴承外圈故障特征频率的 2～4 次谐波，但故障特征频率本身无法识别，谱图中干扰较多，幅值较低，且谱图还是以转频主导，提取效果不佳。

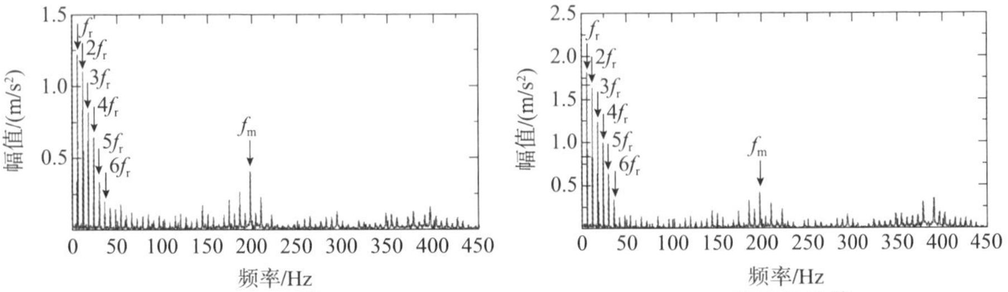

(a)TEO谱 (b)SDAEO谱

图 3－25　外圈故障信号能量谱

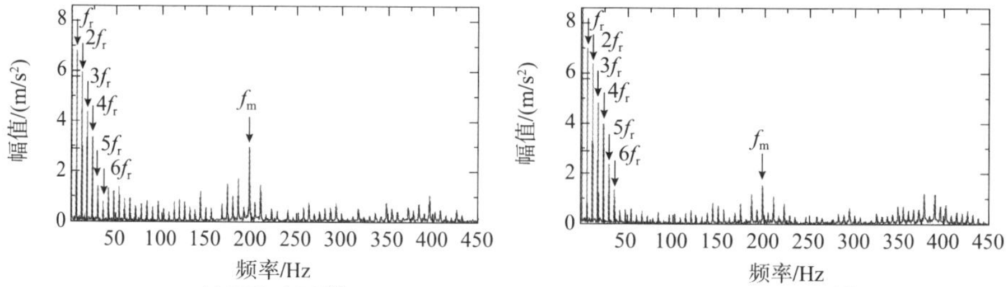

(c)SHO-AEO谱　　(d)2-SDAEO谱

图 3-25　外圈故障信号能量谱(续)

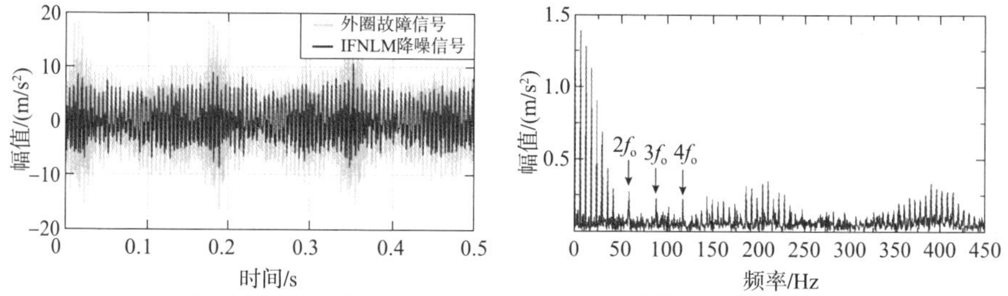

(a)IFNLM降噪后的信号　　(b)降噪后信号的SHO-AEO能量谱

图 3-26　IFNLM 降噪后的信号和降噪后信号的 SHO-AEO 能量谱

采用本章所提 HTFIF-k-SDAEO 对外圈故障信号进行处理。利用 HTFIF 对原始故障信号进行自适应分解，得到 12 个 IMF 分量，如图 3-27 所示。

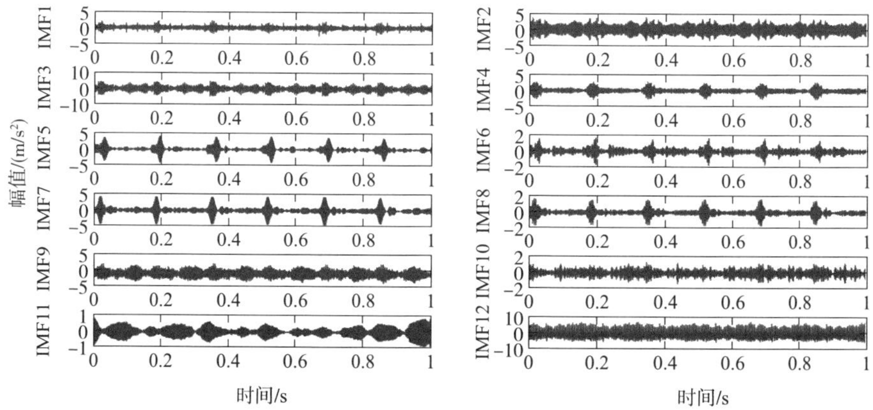

图 3-27　外圈故障信号的 HTFIF 分解结果

为了选择敏感的 IMF，分别计算各 IMF 分量的峭度、相关系数和 L-KCA 指标值，结果如图 3-28 所示。由图 3-28 可以看出，峭度、相关系数的最大值分别出现在 IMF5 和 IMF12，L-KCA 和 ACFHNR 指标最大的分量均为 IMF1。分别对 IMF1、IMF5、IMF12 作包络谱分析，结果如图 3－29 所示。从 IMF5 和 IMF12 的包络谱中看不到任何故障相关信息，而从 IMF1 的包络谱图中可以观测到外圈故障特征频率 f_o 及其 2～5 次谐波。因此，可以断定 IMF1 为敏感分量。又由图 3－28 可以看出 IMF2 的 L－KCA 值比 ACFHNR 值在各分量中的突出度更明显，即 L－KCA 指标具有更高的分辨力，由此可以说明，本次研究中所构建的 L－KCA 指标优于相关系数、峭度以及 ACFHNR 指标。

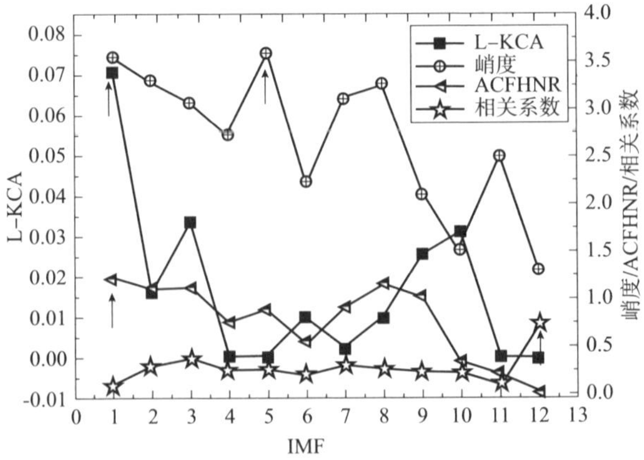

图 3－28　各 IMF 分量的指标

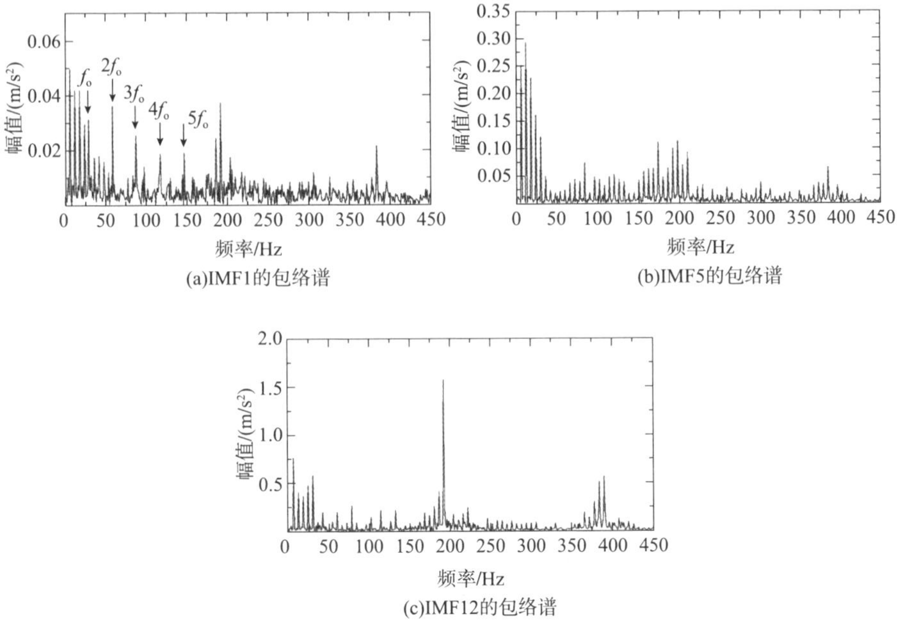

图 3－29　HTFIF 分解的 IMF 分量的包络谱

对于敏感 IMF1，计算其 k – SDAEO 在不同 k 值时的 SNRI，结果如表 3 – 14 所示。k =2 时 SNRI 有最大值，即 2 – SDAEO 是 IMF1 的最优 k – SDAEO，其能量谱图如图 3 – 30 所示。与 IMF1 的包络谱[图 3 – 29(b)]相比，故障特征得到了进一步增强，可以识别出外圈故障特征频率 f_o 及其连续 7 次谐波，具有满意的提取效果。此外，将本次研究结果与 IFNLM – SHOAEO 方法的处理结果[图 3 – 26(b)]相比，可以得出：在有其他冲击分量干扰的情况下，HTFIF – k – SDAEO 方法对轴承故障特征信息的提取更有效。

表 3 – 14　IMF1 的 k – SDAEO 在不同 k 值的 SNRI　　dB

k	1(SDAEO)	2	3	4	5
SNRI	– 1. 5366	– 0. 8193	– 3. 7765	– 1. 0434	– 1. 3542

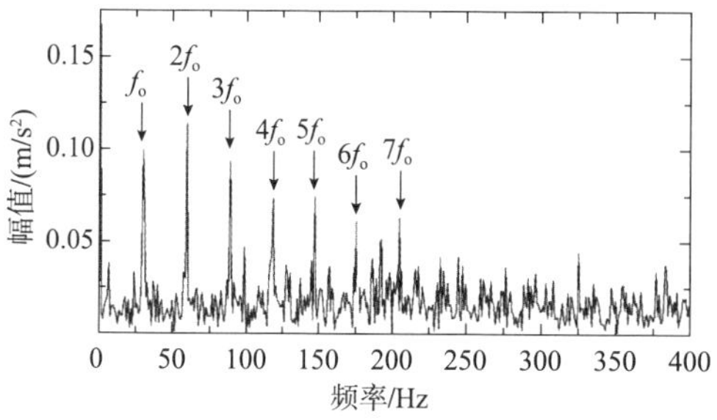

图 3 – 30　HTFIF 分解的敏感 IMF 的 2 – SDAEO 能量谱

为了进一步证明该方法的优越性，同样对外圈故障信号进行了 VMD 和 TVF – EMD 分解。将 VMD 的模态数 k 设置为 6，分解后得到 6 个 IMF，分解结果如图 3 – 31 所示。TVF – EMD 的带宽阈值为 0. 2，B 样条阶数为 20，分解后亦得到 6 个 IMF，分解结果如图 3 – 32 所示。然后，计算两种方法分解的每个 IMF 的 L – KCA 值，结果如图 3 – 33 所示。根据最大 L – KCA 指标，选取 VMD 中的第六个 IMF 和 TVF – EMD 中的第一个 IMF 为敏感 IMF。最后，计算两种方法得到的敏感 IMF 的 k – SDAEO 的 SNRI 值，结果如表 3 – 15 所示，由于 k =5 时两种方法的 k – SDAEO 都有最大的 SNRI 值，因此，采用 5 – SDAEO 方法分别对

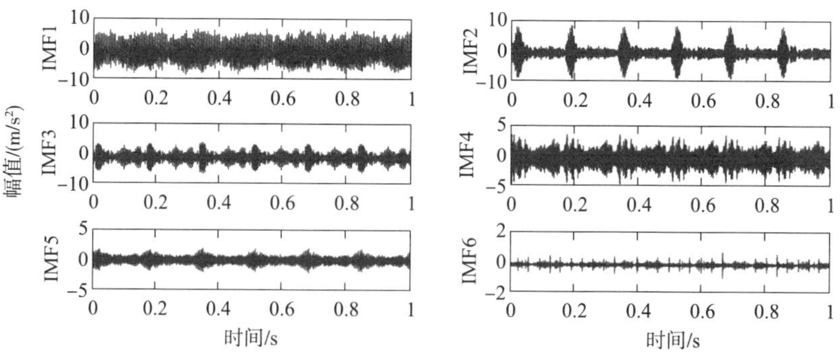

图 3 – 31　外圈故障信号的 VMD 分解结果

两种方法的敏感 IMF 分量进行解调处理，结果如图 3－34 所示。

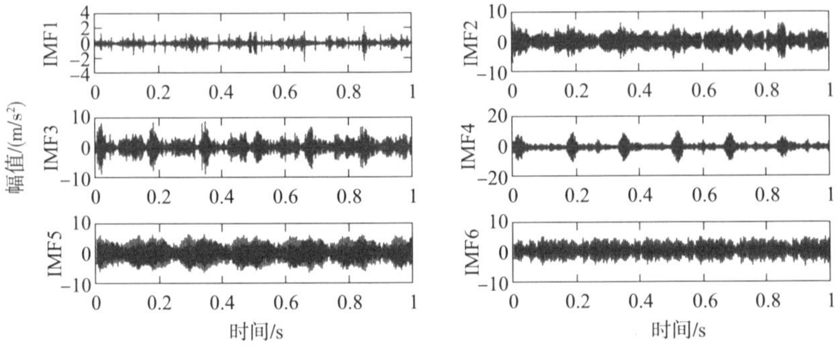

图 3－32 外圈故障信号的 TVF－EMD 分解结果

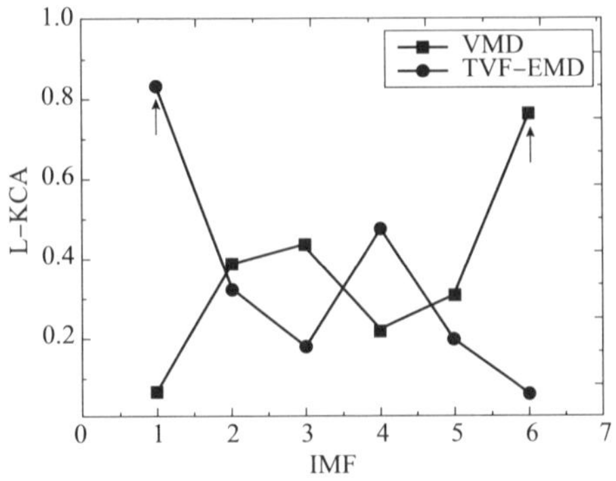

图 3－33 VMD 和 TVF－EMD 分解得到的各 IMF 的 L－KCA 指标

表 3－15 敏感 IMF 的 k－SDAEO 在不同 k 值的 SNRI　dB

k	1(SDAEO)	2	3	4	5
VMD 的 SNRI	－3.9142	－4.7434	－6.4713	－5.5326	－3.2343
TVF－EMD 的 SNRI	－2.4526	－2.2345	－4.3129	－3.2663	－1.5247

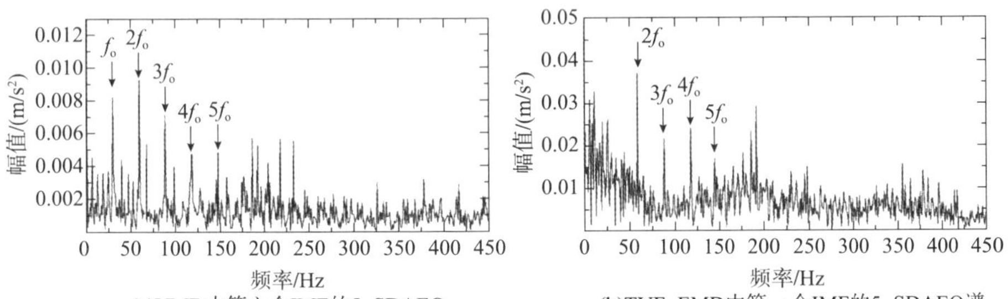

(a)VMD中第六个IMF的5-SDAEO

(b)TVF-EMD中第一个IMF的5-SDAEO谱

图 3－34 VMD 和 TVF－EMD 敏感 IMF 的最佳 k－SDAEO 能量谱

可见，VMD－k－SDAEO、TVF－EMD－k－SDAEO 都可以提取出轴承外圈故障特征相关信息，但与 HTFIF－k－SDAEO 处理结果（图 3－30）相比，VMD－k－SDAEO 提取的故障特征频率及其谐波的幅值太低，TVF－EMD－k－SDAEO 只提取出了外圈故障特征频率 f_o 的 2、3、4、5 次谐波，故障特征频率本身尚未能识别出来。为了进行定量评估 HTFIF－k－SDAEO、VMD－k－SDAEO 和 TVF－EMD－k－SDAEO 三种方法的特征提取性能，根据式（2－58）计算三种方法的 k－SDAEO 能量谱的谱能量比，结果分别为 13.62%，4.58% 和 3.06%。显然，HTFIF－k－SDAEO 方法的谱能量占比最高，特征提取效果最好。

最后，以 MATLAB2017b 为操作软件，在 Windows10，64 位操作系统下，在配置为英特尔酷睿 i5－8265U CPU 和 8.0GB RAM 的计算机上比较了 HTFIF－k－SDAEO、VMD－k－SDAEO 和 TVF－EMD－k－SDAEO 三种方法的计算效率，其运行时间如表 3－16 所示。HTFIF－k－SDAEO 的计算时间仅为 0.0462s，远小于 VMD－k－SDAEO（67.6546s）的和 TVFEMD－k－SDAEO（54.3154s）的，几乎是瞬间完成的，为滚动轴承故障实时检测和在线诊断提供了一种可行方案。

表 3－16　三种方法的运行时间

算法	HTFIF－k－SDAEO	VMD－k－SDAEO	TVFEMD－k－SDAEO
时间/s	0.0462	67.6546	54.3154

3.6.3　内圈故障特征提取

与外圈故障一致，内圈故障也是采用电火花技术引入的一个宽度为 0.8mm、深度为 0.3mm 的局部缺口，其外形特征如图 3－35 所示。

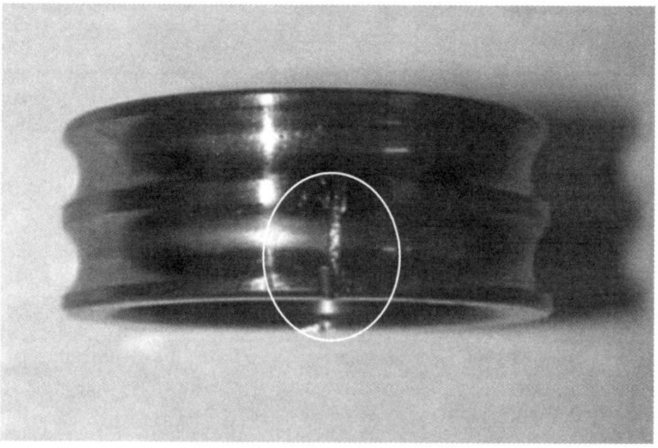

图 3－35　内圈故障缺口

内圈故障时域波形及其频谱如图 3-36(a) 和图 3-36(b) 所示。在时域图中干扰和噪声占主导，故障冲击被掩盖，在其频谱图中只可观测到齿轮啮合频率及其谐波，故障特征频率及其谐波无法识别。因此，从原始信号无法对轴承故障做出判断。

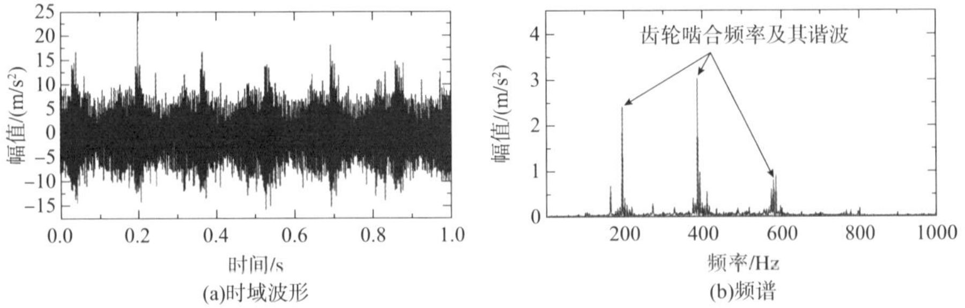

图 3-36 内圈故障信号

采用所提 HTFIF-k-SDAEO 方法对原始振动信号进行处理。首先，利用 HTFIF 将内圈故障信号分解为 6 个 IMF；其次，计算每个 IMF 的 L-KCA 的值，结果如图 3-37 所示。选取 L-KCA 值最大的 IMF1 分量为敏感 IMF。

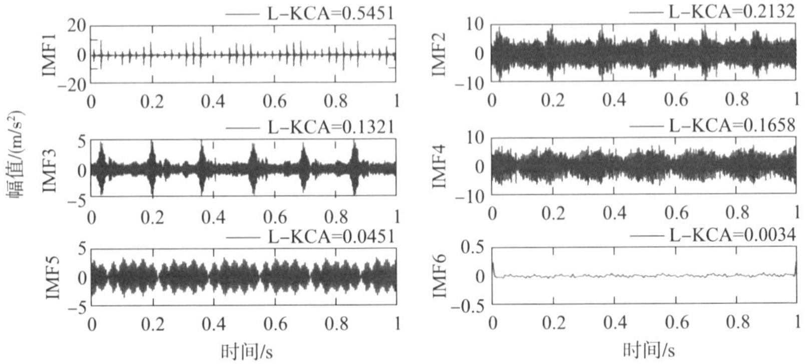

图 3-37 内圈故障信号的 HTFIF 分解结果

对于敏感 IMF1，计算其 k-SDAEO 在不同 k 值时的 SNRI，结果如表 3-17 所示。显然，$k=4$ 时 SNRI 有最大值，则 4-SDAEO 是 IMF1 的最优 k-SDAEO，其能量谱图如图 3-38 所示。可见，HTFIF-k-SDAEO 可以识别出故障特征频率及其连续 10 次谐波，具有满意的提取效果。

表 3-17 IMF1 的 k-SDAEO 在不同 k 值的 SNRI　　dB

k	1(SDAEO)	2	3	4	5
SNRI	-0.7354	-0.5145	-0.7765	-0.2334	-0.8542

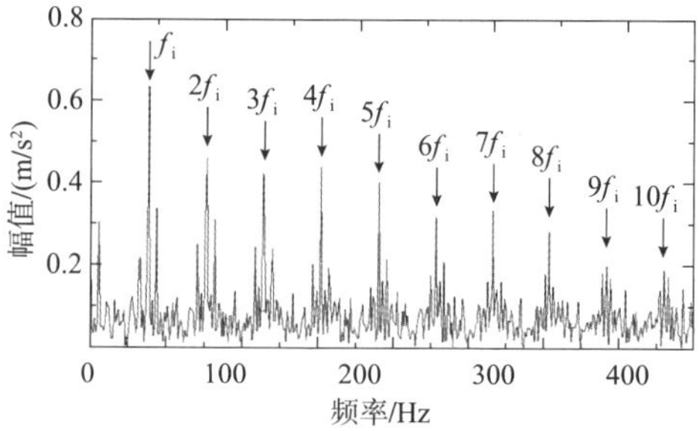

图3－38　HTFIF 分解的敏感 IMF 的 4－SDAEO 能量谱

为了进一步证明该方法的优越性，同样对内圈故障信号进行了 VMD－k－SDAEO 和 TVF－EMD－k－SDAEO 处理。首先，将 TVF－EMD 的带宽阈值设置为0.2，B 样条阶数设置为 20，分解后得到 6 个 IMF，然后计算各 IMF 的 L－KCA 值，结果如图 3－39 所示。根据最大 L－KCA 指标，选取第一个 IMF 为敏感 IMF。计算敏感 IMF 的 k－SDAEO 的 SNRI 值，结果如表 3－18 所示，由于 $k=1$ 时 IMF1 的 k－SDAEO 有最大 SNRI 值，而 $k=1$ 时 k－SDAEO 退化为 SDAEO，因此，采用 SDAEO 敏感 IMF 分量进行解调处理，结果如图 3－40 所示。

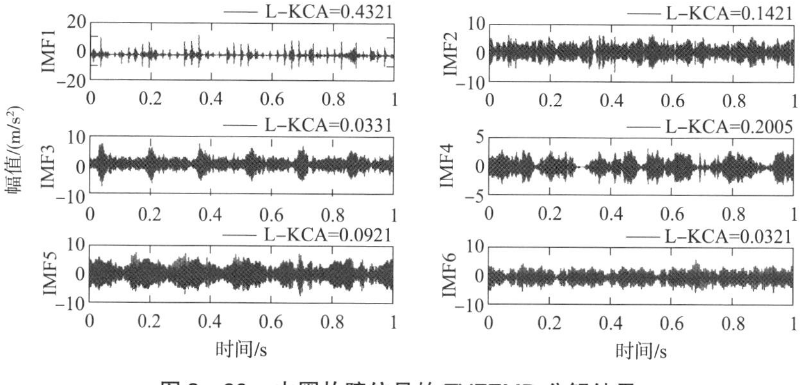

图 3－39　内圈故障信号的 TVFEMD 分解结果

表 3－18　IMF1 的 k－SDAEO 在不同 k 值的 SNRI　　dB

k	1(SDAEO)	2	3	4	5
SNRI	－0.8145	－1.5324	－1.7347	－1.2452	－0.9502

将 VMD 的模态数 k 设置为 3，分解后得到 3 个 IMF，同时计算各 IMF 的 L－KCA 的值，结果如图 3－41 所示。选取 L－KCA 值最大的 IMF3 分量为敏感 IMF。根据最大 SNRI 准则，选取 SNRI 最大的 2－SDAEO 为 IMF3 的最优 k－SDAEO，采用 2－SDAEO 对 IMF3 进行解调，得到的能量谱如图 3－41 所示。

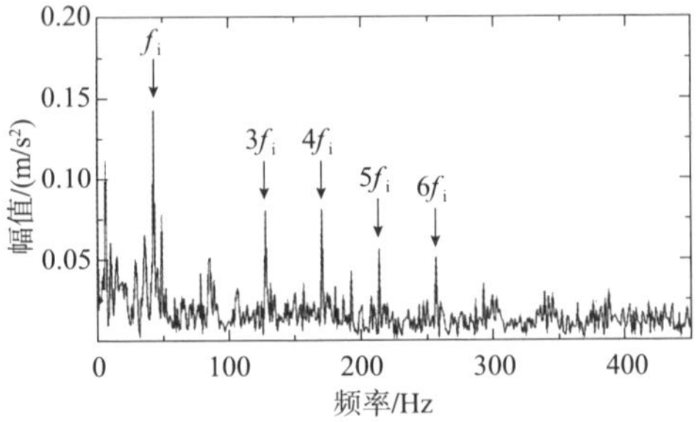

图 3-40 TVFEMD 分解的敏感 IMF 的 SDAEO 能量谱

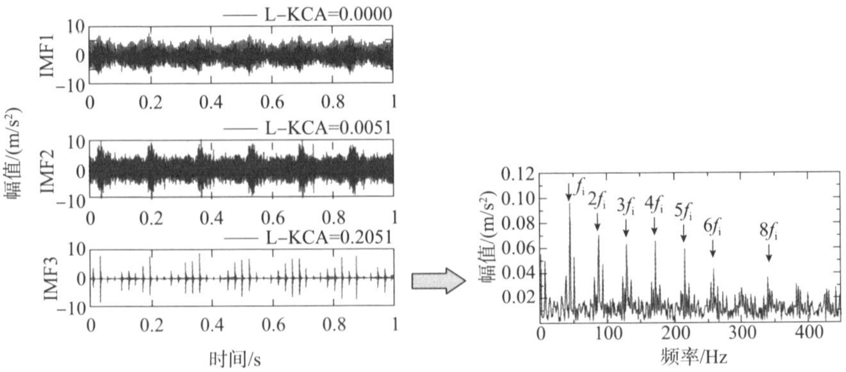

图 3-41 VMD 的分解结果和敏感 IMF 的 2-SDAEO 能量谱

比较 HTFIF-k-SDAEO(图 3-38)、TVF-EMD-k-SDAEO(图 3-40)和 VMD-k-SDAEO(图 3-41)的处理结果，发现虽然三种方法都能将内圈故障特征频率及其谐波提取出来，但 TVF-EMD 的 SDAEO 谱中故障特征频率的谐波不连续，VMD 的 2-SDAEO 谱中故障特征频率及其谐波的幅值较低。为了进行定量评估三种方法的提取结果，采用第 2 章式(2-58)所表示的谱能量占比作为评价函数，计算结果如表 3-19 所示。可见，HTFIF-k-SDAEO 的谱能量占比为 15.32%，三者中最高。再次验证了 HTFIF-k-SDAEO 方法在故障特征提取方面的优越性。

表 3-19 三种方法的谱能量占比

方法	HTFIF-k-SDAEO	TVFEMD-k-SDAEO	VMD-k-SDAEO
谱能量占比/%	15.32	8.93	12.12

3.6.4 滚动体故障特征提取

与外圈和内圈故障类似，也采用电火花技术在其中一个滚动体(滚珠)中引

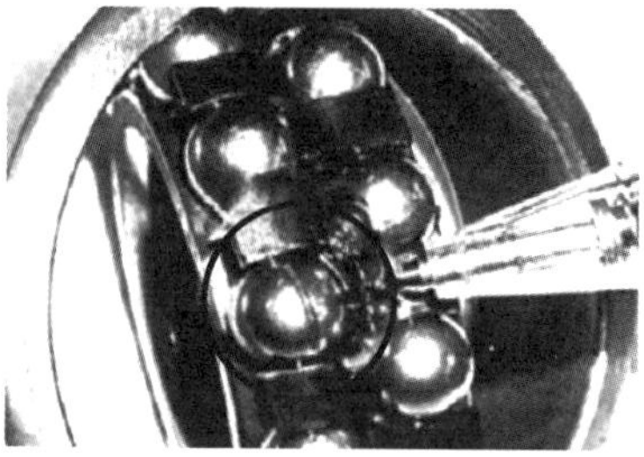

图 3 – 42　滚动体故障缺口

入单缺口故障。故障缺口形成深为 0.5mm、宽为 0.5mm 的矩形间隙，在球表面延长超过 60°的夹角，其外形特征如图 3 – 42 所示。

滚动体故障时域波形及其频谱如图 3 – 43 (a) 和图 3 – 43 (b) 所示。在时域图中干扰和噪声占主导，故障冲击被掩盖，在其频谱图中只可以看到齿轮啮合频率及其谐波，故障特征频率及其谐波无法识别。因此，从其原始信号中无法对轴承故障做出判断。

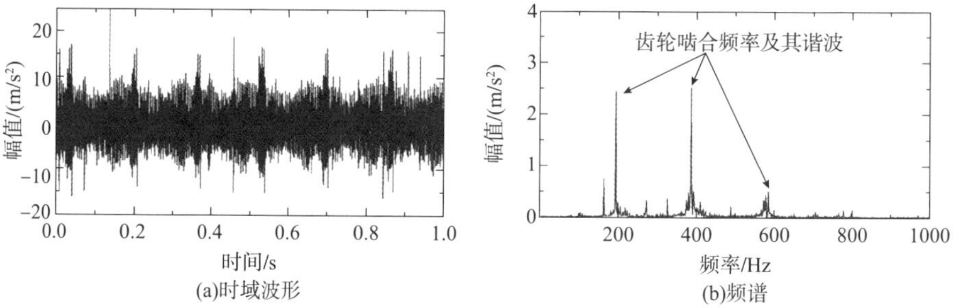

图 3 – 43　滚动体故障信号

采用所提 HTFIF – k – SDAEO 方法对原始振动信号进行处理。首先，利用 HTFIF 将滚动体故障原始振动信号分解为 6 个 IMF，并计算每个 IMF 的 L – KCA 的值，结果如图 3 – 44 所示。选取 L – KCA 值最大的 IMF1 分量为敏感 IMF。根据最大 SNRI 准则，选取信噪比提高最大的 2 – SDAEO 为 IMF1 的最优 k – SDAEO，其能量谱如图 3 – 44 所示。从其 2 – SDAEO 谱中可以清晰识别滚动体故障特征频率 f_b 及其连续的高次谐波，具有满意的提取效果。

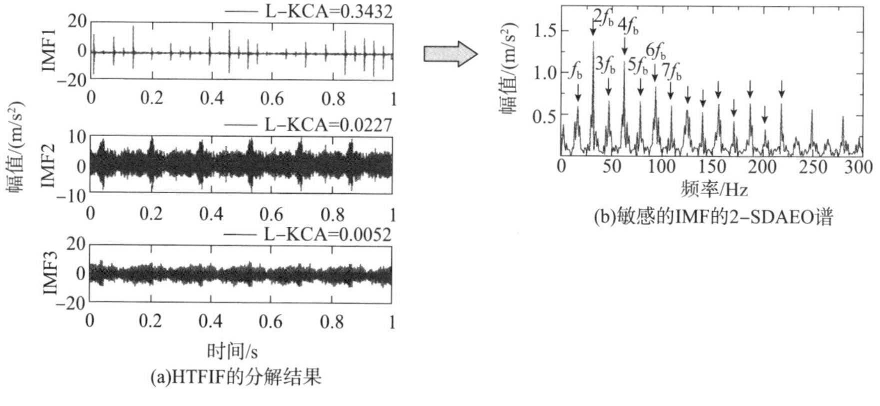

图 3 – 44　HTFIF – k – SDAEO 方法的处理结果

为了验证 HTFIF - k - SDAEO 方法的优越性，采用文献[161]提出的"小波阈值 + CEEMD + 包络谱"方法进行对比。首先，采用改进的小波阈值降噪法对滚动体故障振动信号进行降噪预处理，结果如图 3 - 45 所示；其次，利用 CEEMD 对降噪后的信号进行分解，得到 16 个 IMF，前六个 IMF 及其峭度和相关系数值如图 3 - 46 所示。由图 3 - 46 可以看出，前两个 IMF 分量的峰度和相关系数较大。因此，选取 IMF1 和 IMF2 对原始故障信号进行重构，重构信号及其包络谱如图 3 - 47 所示。从包络谱中可以观测到滚动体故障特征频率的若干次谐波，但与 HTFIF - k - SDAEO 方法的提取结果[图 3 - 43(b)]相比幅值较低，且 15.67Hz 的故障特征频率并不明显。

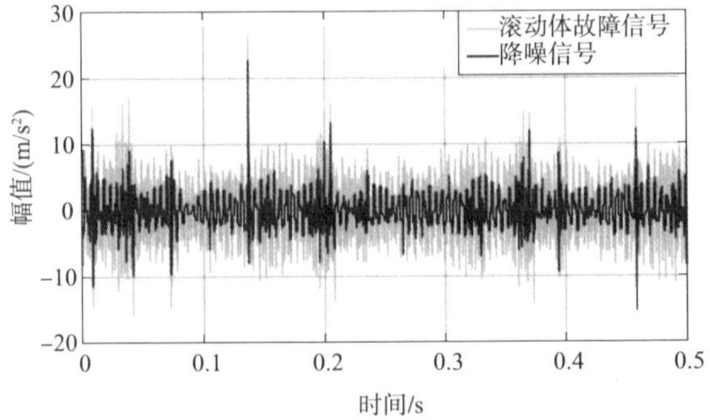

图 3 - 45 改进小波阈值降噪后的信号

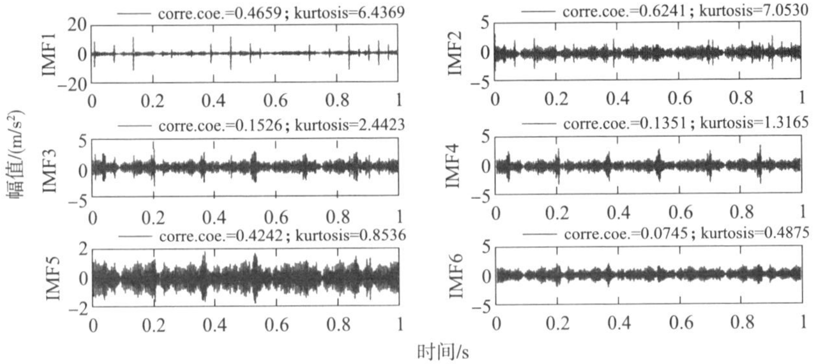

图 3 - 46 CEEMD 的分解结果

最后，以 MATLAB2017b 为操作软件，在 Windows10，64 位操作系统下，在配置为英特尔酷睿 i5 - 8265U CPU 和 8.0GB RAM 的计算机上比较了两种方法的计算效率，其计算时间见表 3 - 20。HTFIF - k - SDAEO 的计算时间仅为 0.0451s，几乎是瞬间完成的，可用于轴承故障在线监测；而"小波阈值 + CEEMD + 包络谱”方法耗时 192. 8776s，无法满足故障诊断的实时性要求。

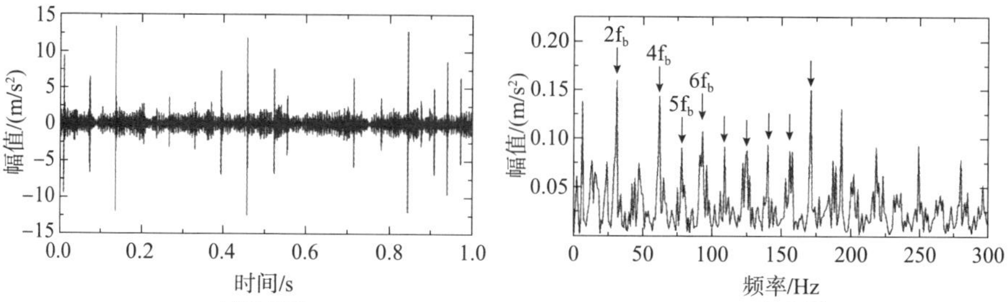

(a)时域图　　(b)包络谱

图 3 –47　重构后的信号

表 3 –20　两种方法的计算时间

算法	HTFIF – k – SDAEO	小波阈值 + CEEMD + 包络谱
时间/s	0. 0451	192. 8776

3. 7　本章小结

针对大背景噪声和由非监测部件产生的振动干扰并存的情况下滚动轴承故障特征难以提取以及传统多分量分离方法(模态分解方法)耗时较久的问题，提出了一种快速的轴承故障诊断方法 HTFIF – k – SDAEO。包括硬阈值快速迭代滤波(HTFIF)分解，L – KCA 敏感 IMF 选择，改进 k 值对称差分解析能量算子(k – SDAEO)解调三个步骤。数值模拟和实验结果表明了该方法的优越性。主要结论如下。

(1)引入了一种新颖的自适应的快速时频分析方法 HTFIF，通过带噪声的间歇性复合信号，验证了其具有较高的分解精度和执行效率，其分解时间大概在 0. 01s 的数量级，几乎是瞬时完成的，可将其应用到轴承故障在线诊断中。为选择模态分解后产生的敏感 IMF，开发了基于 L – 峭度、相关系数和 ACFHNR 的融合指标 L – KCA，并证明了该指标具有较高的分辨率和奇异值鲁棒性。提出了一种 k 值改进的能量算子 k – SDAEO 对敏感 IMF 进行解调处理，其中分辨率参数 k 根据最大信噪比提高(SNRI)选择，通过与不同 k 值的 k – SDAEO 和传统能量算子进行比较验证了所提 k – SDAEO 的优越性。最后通过敏感 IMF 的最优 k – SDAEO 谱识别轴承故障特征。

(2)通过数值模拟和实验数据研究，根据谱图观测和谱能量占比计算，并将所提 HTFIF - k - SDAEO 方法与非预处理能量算子解调，基于 VMD、TVF - EMD、CEEMD 分解的等多种方法横向和纵向地进行了定性和定量的比较。结果表明，在存在振动谐波干扰的情况下，HTFIF - k - SDAEO 的故障特征提取能力优于其他方法，且其执行时间不到 0.05s，几乎是瞬时完成，为轴承故障实时监测和在线诊断提供了一种有效方案。

4 基于 SOSO 增强技术的滚动轴承微弱故障特征提取

在一般情况下，只有当轴承缺陷发展到一定程度时，才能识别出其故障。目前，大多数的轴承故障诊断方法也主要是针对轴承的成熟故障提出的。然而，成熟故障已不能完全反映实际运行中轴承的故障状态及其发展趋势。此外，故障发展到一定程度后可能已经对整个机械系统造成了不可逆的损坏。因此，及时有效地识别滚动轴承的早期微弱故障，在不破坏设备运行状态的情况下，制定合理、科学的维修方案，能够避免设备损坏，节省维修成本，减少停机时间，提高生产效率。然而，在故障的早期阶段，故障冲击的振幅和能量极其微弱；同时，由于轴承在运行过程中受环境噪声和其他部件振动干扰的相互影响，轴承故障微弱特征容易被掩盖，难以提取。因此，本章针对滚动轴承早期微弱故障，提出了一种基于 SOSO 增强技术的故障特征提取方法。

4.1 增强算法的技术背景

为了抑制背景噪声和振动干扰，凸显轴承振动信号中隐含的微弱故障冲击成分，大量兴起于图像、生物、语音等其他领域的滤波方法被引入轴承故障诊断中，并取得了良好的效果。尽管这些滤波算法是有效的，但在实际应用中，这些滤波方法总不可避免地包含一些可能强烈影响降噪性能的调优（平滑）参数。而这些参数的确定是一个普遍的难点。近年来，在图像处理、压缩感知和机器学习领域的一些增强技术异军突起，如“twicing”技术、Bregman 迭代、空间适应迭代滤波（SAIF）和 l_2 - boost 等，不仅可以大大降低调优参数的影响，而且可以更好地从现有数据中还原真实目标结果。

“twicing”技术是 Tukey 在 1977 年提出的。其基本思想是：由于降噪不完善，残差中含有信号残留，通过对残差中的信号残留进行提取，并添加到上一次降噪结果中实现改进。可以表示为：

$$\hat{x}^{k+1}=\hat{x}^{k}+f(y-\hat{x}^{k}) \tag{4-1}$$

式中，$f(\cdot)$为降噪算法；$\hat{x}^{k}$为第k次迭代的降噪信号，初值为：$\hat{x}^{0}=0$。

Bregman 迭代是 Osher 等于 2005 年提出的一种收敛速度快，“噪音回代”式的图像降噪算法。其基本思想是：基于 Bregman 距离和全变分降噪的概念，将之前每次迭代的残差累加到原始图像中，再重复使用相同的滤波算法对其进行下一步迭代滤波。可以表示为：

$$\hat{x}^{k+1}=f\left[y+\sum_{i=1}^{k}(y-\hat{x}^{i})\right] \tag{4-2}$$

然而，在进行图像降噪后，除了信号残余物残留在残差图像中外，在降噪后的估计图像中也存在噪声残余。扩散滤波是应用相同的滤波器对之前的估计进行重复滤波，以去除降噪后图像中噪声残余的一种机制。每进行一次滤波都可以解释为各向异性扩散的一步，如果重复滤波次数太少，虽可以保持基本结构，但降噪效果不明显。相反，重复滤波次数过多则会使结果过度平滑，同时也会带走信号的一些潜在细节。而迭代增强可以保留这些丢失的信号细节。基于此，Talebi 等提出了一种完善空间域降噪算法的 SAIF 策略：将扩散和增强作为两种互补迭代技术，根据局部信噪比自动调整局部平滑强度，稳定地接近局部最优滤波器性能。

l_2 - boost 是由带有 l_2 - 损失函数的泛函梯度下降算法构造而成的一种简单的 boosting 变体。其基本思想是：迭代地对前一次的估计剩余量进行再次估计，达到一定迭代数次后，所有的估计量叠加即为回归的估计值。

这些算法都是利用噪声图像与降噪图像之间的残差改进目标估计，或者一次又一次地对先前的估计进行重复滤波提取“纯净图像”的。但残差中大部分是噪声，在将从残差中提取的信号返回到降噪后图像中去时，也有一部分噪声被返回。而重复滤波的方法则可能会导致较低的信噪比和过度平滑。Romano 和 Elad 利用降噪图像的可用性，提出了一种 SOS Boosting 技术，并将其用于 K - SVD 降噪算法中。他们建议通过将降噪信号加到有噪声的输入信号中，对增强的信号进行降噪运算，然后从恢复的信号增强的结果中减去之前加入的降噪信号增强基础信号。重复这些步骤以获得一个精确的估计。然而递归增强的过程中，第一次降噪结果中剩余的噪声也逐渐增强，为了克服这一缺点，Zeng 等扩展了 SOS 过程，在原始增强过程的基础上增加一个二级降噪步骤，提出了 SOSO 增强技术，将其用于 K - SVD 降噪算法进一步提高降噪性能，并将这种改进的方法从图像领域移植到机械故障诊断领域。K - SVD 是经典的字典学习算法，具有良好的降噪性能，但往往时效性较差。鉴于此，本章将 SOSO 增强技术进行调整，并将其与第 2 章所提改进的非局部均值滤波算法(IFNLM)相结合，提出一种新的降噪算法结构 SOSO_IFNLM，以增强滚动轴承早期微弱冲击特征。

4.2 IFNLM 降噪算法的 SOSO 增强

4.2.1 SOSO_IFNLM 增强算法的实现

给定一个初始含噪信号，通过重复以下 SOSO 步骤，可以得到增强的降噪结果。①增强底层信号(Strengthen)：将前一个降噪信号加入原始含噪信号中；②执行 IFNLM 降噪(Operate)：对增强信号进行 IFNLM 降噪；③减去先前的降噪信号(Subtract)：从增强的降噪结果中减去第一步中加入的降噪信号；④执行 IFNLM 二次降噪(Operate)。这个过程可以由下式描述：

$$\hat{x}^{k+1/2}=f(y+\hat{x}^{k})-\hat{x}^{k} \tag{4-3}$$

$$\hat{x}^{k+1}=f(\hat{x}^{k+1/2}) \tag{4-4}$$

式中，y 为含噪输入信号；$f(\cdot)$ 为 IFNLM 降噪算法；$\hat{x}^{k}$ 为第 k 次增强的降噪信号，SOSO 增强过程从零初始化开始，即 $\hat{x}^{0}=0$。这意味着 $\hat{x}^{1}$ 是未经增强的降噪信号，即对原始含噪信号直接执行 IFNLM 滤波的结果。

前三个步骤有助于获得增强的降噪信号。然而，当应用于轴承故障冲击特征提取时，SOSO_IFNLM 降噪算法在增强弱脉冲响应的同时也增强了噪声。这是因为在递归增强过程中，随着弱脉冲响应的增强，第一次降噪结果中剩余的噪声逐渐增强。步骤④可以有效地去除增强降噪后信号中潜在的残余噪声。但降噪算法在达到有效降噪的同时往往会丢失少量有用的信号信息。二次降噪不仅降低了残余噪声，而且降低了脉冲响应的能量。尤其对于微弱冲击故障响应，可能在步骤②降噪时就被消除，并不能在接下来的增强步骤中恢复。

基于此，采用四步递归迭代。即：首先循环前三步的 SOS 步骤四次，在第四次增强降噪后再引入二次降噪步骤。这个过程可以描述为：

$$\hat{x}^{k+1}=f(y+\hat{x}^{k})-\hat{x}^{k} \quad k=0,\ 1,\ 2,\ 3 \tag{4-5}$$

$$\hat{x}^{4'}=f(\hat{x}^{4}) \tag{4-6}$$

4.2.2 SOSO 增强算法的性能

给定一个被测信号：

$$y = x + n \tag{4-7}$$

式中，$x \in \mathbb{R}^N$ 为理想故障冲击信号；$n \in \mathbb{R}^N$ 为标准差为 σ 的零均值高斯白噪声。

假设 e 为降噪信号与理想信号之间的误差，包括残留噪声和信号失真。降噪信号 $\hat{x}$ 写为：

$$\hat{x} = x + e \tag{4-8}$$

显然，与原始被测信号 y 相比，降噪信号 $\hat{x}$ 具有更高的信噪比，即：

$$\frac{\|x\|}{\|e\|} \geqslant \frac{\|x\|}{\|n\|} \tag{4-9}$$

因此，有：

$$\|e\| = \delta\|n\|, \ \delta \ll 1 \tag{4-10}$$

另，由(4-7)和(4-8)可得增强的信号：

$$y + \hat{x} = 2x + n + e \tag{4-11}$$

其信噪比为：

$$SNR(y+\hat{x}) = \frac{\|2x\|^2}{\|n+e\|^2} \geqslant \frac{4\|x\|^2}{\|n\|^2 + 2\|n\| \cdot \|e\| + \|e\|^2} \tag{4-12}$$

将式(4-10)代入上式有：

$$SNR(y+\hat{x}) \geqslant \frac{4}{(1+\delta)^2}\frac{\|x\|^2}{\|n\|^2} = \frac{4}{(1+\delta)^2}SNR(y) > SNR(y) \tag{4-13}$$

由于 $y+\hat{x}$ 信噪比的提高，相对于原始输入信号 y，可以更有效地降噪，从而获得更好的降噪性能。

4.3 对称高阶频率加权能量算子

由于缺陷轴承的振动信号较复杂。即使增强的降噪算法提高了故障冲击的信噪比，解决了噪声和干扰严重的问题，但故障脉冲的调制特性使其特征仍难以提取。因此，此处提出了一种替代的增强型能量算子——对称高阶频率加权能量算子(Symmetric Higher - order Frequency - Weighted Energy Operator，SHFWEO)。

4.3.1 SHFWEO 理论推导

在信号处理环境中，由于产生信号的系统通常无法访问，瞬时能量的典型信号处理措施是信号振幅的平方。即，对于简单信号 $x(t) = A\cos(\omega t + \theta)$，其瞬时能量可表示为：

$$S[x(t)]=|x(t)|^2=|x(t)+jH[x(t)]|^2=A^2(t) \tag{4-14}$$

式中，$H[x(t)]$为$x(t)$的希尔伯特变换。

信号处理的瞬时能量定义只考虑了幅值忽略了瞬时频率信息，而对于不同频率的单位振幅信号，其瞬时能量可能不同。且若用其跟踪幅值较小的冲击信号，则瞬态冲击成分极易被淹没，瞬时特性难以追踪。对于同一信号 $x(t)=A\cos(\omega t+\theta)$，经典 Teager 能量算子(TEO)表示为：

$$\Psi[x(t)]=\left[\frac{dx(t)}{dt}\right]^2-x(t)\frac{d^2x(t)}{dt^2} \tag{4-15}$$

$$\Psi[x(t)]=A^2\omega^2 \tag{4-16}$$

可见，TEO 同时包含了幅值和频率信息。可以可靠地测量和评估系统产生信号所需的能量。为了能够具有与 TEO 相似的性质，首先对信号应用频率响应 $H[\omega]^2=\omega^2$ 的加权滤波器，将频率信息包含在(4-14)的能量测量中，O'Toole 利用导函数作为滤波器，根据傅里叶变换性质：$F[\dot{x}(t)]=j\omega X(\omega)$［其中 $X(\omega)$ 为 $x(t)$ 的傅里叶变换］，定义频率加权能量算子(Frequency-Weighted Energy Operator，FW-EO)为：

$$\Gamma[x(t)]=|\dot{x}(t)+jH[\dot{x}(t)]|^2=\dot{x}^2(t)+H[\dot{x}(t)]^2 \tag{4-17}$$

将 $\dot{x}(t)=-A\omega\sin(\omega t+\theta)$；$H[\dot{x}(t)]=A\omega\cos(\omega t+\theta)$代入式(4-17)有：

$$\Gamma[x(t)]=[\sin^2(\omega t+\theta)+\cos^2(\omega t+\theta)]A^2\omega^2=A^2\omega^2 \tag{4-18}$$

FW-EO 既包含幅值的信息也包含频率的信息。

对于同一信号 $x(t)=A\cos(\omega t+\varphi)$，高阶能量算子定义为：

$$\gamma_k(x)=[x,x^{(m-1)}]=x'x^{(m-1)}-xx^{(m)}\quad m=0,\ \pm1,\ \pm2\cdots \tag{4-19}$$

式中，m 为任意整数，代表高阶能量算子的阶次；$x(t)$的第 m 阶导数(或积分)表示为 $x^{(m)}(t)=\begin{cases}\dfrac{\mathrm{d}^m x(t)}{\mathrm{d}t^m} & m\geqslant 1\\ x(t) & m=0\\ \displaystyle\int_{-\infty}^{t}x^{(m+1)}(\tau)\mathrm{d}\tau & m\leqslant -1\end{cases}$。实际应用中 m 是正的。

本研究基于高阶能量算子思想，利用 $x(t)$ 与其高阶导数之间的交叉能量，在式(4-17)的基础上提出高阶能量测量，故高阶 FW-EO 定义为：

$$\begin{aligned}\Gamma_k[x(t)]&\equiv[x,x^k]=|x^{(k)}(t)+jH[x^k(t)]|\\&=[x^{(k)}(t)]^2+H[x^{(k)}(t)]^2\quad k=0,\ \pm1,\ \pm2,\ \cdots\end{aligned} \tag{4-20}$$

将 $x^k(t)=A\omega^k\cos(\omega t+\theta+k\pi/2)$ 和 $H[x^k(t)]=A\omega^k\sin(\omega t+\theta+k\pi/2)$ 代入式(4-20)有：

$$\Gamma_k[x(t)] = [A\omega^k\cos(\omega t + \theta + k\pi/2)]^2 + [A\omega^k\sin(\omega t + \theta + k\pi/2)]^2$$
$$= A^2\omega^{2k}[\cos^2(\omega t + \theta + k\pi/2) + \sin^2(\omega t + \theta + k\pi/2)] = A^2\omega^{2k} \tag{4-21}$$

可见，高阶 FW－EO 也具有解调特性。

对于离散信号 $x[n] = x(nT)$，TEO 定义为：

$$\Psi[x(n)] = x^2(n) - x(n+1)x(n-1) \tag{4-22}$$

TEO 中采用前向差分 $\dot{x}(n) = x(n+1) - x(n)$ 逼近时间导数。然而，通过前向差分求导后解调精度较低，最大相对误差可达 11%。而对称离散差分方法可以实现平移不变和平滑原始数据，提高解调精度，本研究采用对称差分序列代替前向差分，其表达式为：

$$\dot{x}(n) = \frac{x(n+1) - x(n-1)}{2} \tag{4-23}$$

根据递推公式，其高阶对称差分序列可以表示为：

$$x^{(k)}(n) = \frac{x^{(k-1)}(n+1) - x^{(k-1)}(n-1)}{2^k} \tag{4-24}$$

将式(4－24)代入式(4－17)，即可得对称高阶频率加权能量算子(SHF-WEO)：

$$\Gamma_k[x(n)] = [x^{(k)}(n)]^2 + H[x^{(k)}(n)]^2 = \left[\frac{x^{(k-1)}(n+1) - x^{(k-1)}(n-1)}{2^k}\right]^2 + H\left[\frac{x^{(k-1)}(n+1) - x^{(k-1)}(n-1)}{2^k}\right]^2 \tag{4-25}$$

现对离散形式下 SHFWEO 的解调性能进行讨论。给定一角频率为 Ω，相位为 α 离散信号 $x(n)$，表示为：

$$x(n) = A\cos(\Omega n + \alpha) \tag{4-26}$$

则其 k 阶差分及其 k 阶差分的 Hilbert 变换可分别表示为：

$$x^{(k)}(n) = A\sin^k\Omega\cos\left(\Omega n + \frac{k\pi}{2}\right) \tag{4-27}$$

$$H[x^{(k)}(n)] = A\sin^k\Omega\sin\left(\Omega n + \frac{k\pi}{2}\right) \tag{4-28}$$

将式(4－27)、式(4－28)代入式(4－25)有：

$$\Gamma_k[x(n)] = \left[A\sin^k\Omega\cos\left(\Omega n + \frac{k\pi}{2}\right)\right]^2 + \left[A\sin^k\Omega\sin\left(\Omega n + \frac{k\pi}{2}\right)\right]^2 = A^2\sin^{2k}\Omega \tag{4-29}$$

假设 $0<\Omega\leqslant\frac{\pi}{2}$，则 $\sin\Omega\approx\Omega$。式(4-29)可以得到一个近似输出：

$$\Gamma_k[x(n)]=A^2\sin^{2k}\Omega\approx A^2\Omega^{2k} \tag{4-30}$$

可见，对称高阶频率加权能量算子(SHFWEO)的离散形式也具有解调特性。

4.3.2 SHFWEO 性质讨论

假设一受谐波干扰的轴承故障模拟信号 $s(t)$，表示为：

$$s(t)=x(t)+I(t)=A\mathrm{e}^{-\beta t}\cos(\omega_r t+\varphi)+\sum_{m=1}^{M}B_m\cos\omega_m t \tag{4-31}$$

式中，$x(t)$ 为故障冲击信号；A 为幅值；ω_r 为共振频率；β 为结构阻尼。$I(t)=\sum_{m=1}^{m}B_m\cos\omega_m t$ 为谐波干扰；B_m 为第 m 个谐波干扰的幅值；ω_m 为第 m 个谐波干扰的频率。

则此受振动谐波干扰的轴承故障信号 $s(t)$ 的信号干扰比(SIR)可定义如下：

$$SIR=\frac{(1/T)\int_0^T x^2(t)\mathrm{d}t}{(1/T)\int_0^T\sum_{m=1}^{M}B_m^2(t)\mathrm{d}t} \tag{4-32}$$

将式(4-31)代入式(4-17)有：

$$\Gamma_1[x(t)]=[\dot{x}(t)]^2+H[\dot{x}(t)]^2=A^2\mathrm{e}^{-2\beta t}(\beta^2+\omega_r{}^2)+\lambda(t)\mathrm{e}^{-\beta}+\sum_{m=1}^{M}B_m^2\omega_m^2 \tag{4-33}$$

其中：

$$\lambda(t)=\sum_{m=1}^{M}2AL_m\omega_r\omega_m\cos(\omega_r t-\omega_m t+\varphi)+\sum_{m=1}^{M}2AL_m\beta\omega_m\sin(\omega_r t-\omega_m t+\varphi) \tag{4-34}$$

将式(4-33)代入式(4-32)，可得 SHFWEO 变换后的信号干扰比(SIR)：

$$SIR\{\Gamma_1[x(t)]\}=\frac{\frac{1}{T_p}\int_0^{T_p}[A^2\mathrm{e}^{-2rt}(\beta^2+\omega^2)]^2\mathrm{d}t}{\frac{1}{T_m}\int_0^{T}\left(\sum_{m=1}^{M}B_m^2\omega_m^2\right)^2\mathrm{d}t}\approx\frac{A^4\ (\beta^2+\omega_r{}^2)^2}{4\beta T_p\sum_{m=1}^{M}B_m^4\omega_m^4} \tag{4-35}$$

式中，T_p 表示轴承故障冲击周期；T_m 表示第 m 个谐波干扰的周期。

在第 2 章中讨论发现 SHO-AEO 的 3 阶版本性能最好，此处仍选择 $k=3$，此时将式(4－33)代入式(4－20)有：

$$\Gamma_3(t) = [x^{(3)}(t)]^2 + H[x^{(3)}(t)]^2 = A^2 e^{-2\beta t}(\beta^2 + \omega_r^{\ 2})^3 + \lambda(t)e^{-\beta} + \sum_{m=1}^{M} B_m^2 \omega_m^6 \tag{4-36}$$

其中：

$$\lambda(t) = \sum_{m=1}^{M} 2AB_m\omega_m^3\omega_r^{\ 3}\sin(\omega_r t + \varphi)\sin(\omega_m t) - \sum_{m=1}^{M} 6AB_m\beta^2\omega_m^3\omega_r\cos(\omega_r t - \omega_m t + \varphi) - \sum_{m=1}^{M} 6AB_m\omega_m^3\beta\omega_r^{\ 2}\sin(\omega_m t - \omega_r t - \varphi) \tag{4-37}$$

从式(4－36)可以看出三阶 SHFWEO 有三个分量：轴承故障冲击信号的幅值解调分量 $A^2 e^{-2\beta t}(\beta^2 + \omega_r^{\ 2})^3$，高频分量 $\lambda(t)e^{-\beta}$ 以及振动谐波干扰分量 $\sum_{m=1}^{M} B_m^2\omega_m^6$。其中，幅值解调部分包含谱能量，指数衰减因子和高频共振频率三个与轴承故障相关的信息，并且可与振动干扰有效分离开来，因此从理论上看，SHFWEO 可以将故障特征频率从振动干扰中有效地提取出来。

将式(4－36)代入式(4－32)可得三阶 SHFWEO 处理后信号的 SIR：

$$SIR[\Gamma_3(x(t))] = \frac{\frac{1}{T_p}\int_0^{T_p}[A^2 e^{-2\beta t}(\beta^2 + \omega_r^{\ 2})^3]^2 dt}{\frac{1}{T_m}\int_0^{T}\left(\sum_{m=1}^{M} B_m^2\omega_m^6\right)^2 dt} \approx \frac{A^4(\beta^2 + \omega_r^{\ 2})^6}{4rT_p\sum_{m=1}^{M} B_m^4\omega_m^{12}} \tag{4-38}$$

联立式(4－38)和式(4－35)可得：

$$\xi = \frac{SIR\{\Gamma_3[x(t)]\}}{SIR\{\Gamma_1[x(t)]\}} = (\beta^2 + \omega_r^{\ 2})^4 \frac{\sum_{m=1}^{M} B_m^4\omega_m^4}{\sum_{m=1}^{M} B_m^4\omega_m^{12}} \tag{4-39}$$

为了便于分析，我们假定振动谐波干扰的幅值 $B_1 = B_2 = \cdots = B_M = B$。一般情况下，齿轮啮合、轴不对中等振动源产生的振动干扰的第 n 次谐波为干扰频率的 n 倍频，即 $\omega_2 = 2\omega_1$，$\omega_3 = 3\omega_1$，…，$\omega_m = m\omega_1$。此外，由于结构阻尼 β 和共振频率 ω_r 比干扰频率 ω_1 大得多，假设 $\beta = 10\omega_1$，$\omega_r = 15\omega_1$，则式(4－40)可得：

$$\xi = \frac{SIR[\Gamma_3(x(t))]}{SIR[\Gamma_1(x(t))]} \approx 325^4 \frac{1 + 2^4 + \cdots + m^4}{1 + 2^{12} + \cdots + m^{12}} \tag{4-40}$$

当 $m<18$ 时，满足 $\xi>1$ 时。可见，在不超过 18 种振动干扰的情况下，改进的 SHFWEO 的提取性能都要比 FW－EO 的好。

为进一步评估所提 SHFWEO 的性能，在式(4－31)所表示的受谐波干扰的轴承故障模拟信号 $s(t)$ 中，设置幅值 $A=0.8$；阻尼 $\beta=0.1$；脉冲周期为 $T=0.01\text{s}$，即故障特征频率 $f_c=1/T=100\text{Hz}$。添加频率为 67Hz、115Hz 以及 133Hz 等多重干扰，对模拟信号进行测试。模拟故障冲击信号和加入干扰后的复合信号如图 4－1 所示。

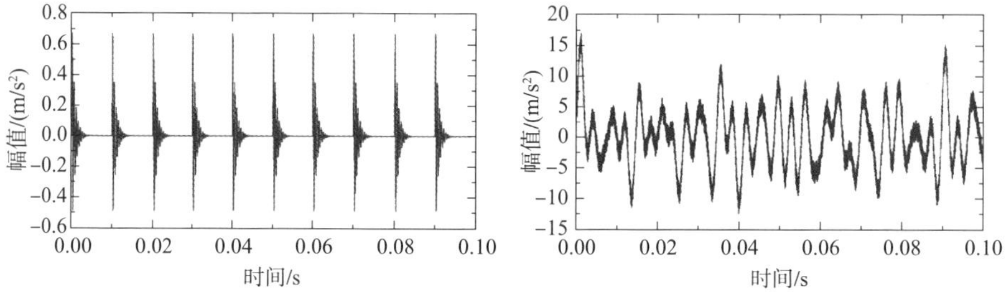

(a)故障冲击信号　(b)复合信号

图 4－1　模拟信号

采用基本能量算子 TEO、SD－EO、HO－EO 以及本次所提 SHFWEO 对复合故障进行解调处理，结果如图 4－2 所示。由图 4－2 可以看出 TEO、SD－EO、HO－EO 能量谱中存在的干扰谱线较多，而 SHFWEO 很好地抑制了干扰频率成分，可以清晰地识别出故障脉冲频率及其谐波。可见，所提 SHFWEO 具有良好的解调和抗干扰能力。

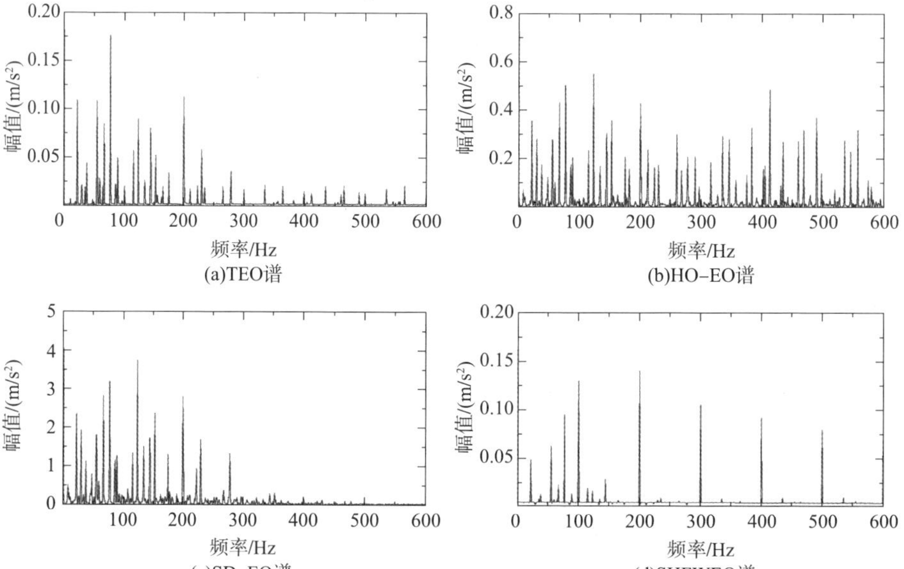

(a)TEO谱　(b)HO－EO谱

(c)SD－EO谱　(d)SHFWEO谱

图 4－2　复合信号能量谱

4.4 SOSO_IFNLM－SHFWEO 的技术路线

从复杂机械的轴承振动数据中提取轴承早期故障特征的主要障碍如下：①故障特征微弱且具有调制特性；②工况复杂，噪声干扰严重。IFNLM 可以快速滤除背景噪声并保持信号不失真，其执行时间仅为 0.05s 左右；但 IFNLM 降噪算法在抑制噪声突出轴承故障脉冲的同时，也会不可避免地削弱早期故障冲击信号的能量。此外，IFNLM 方法中调谐（平滑）参数的确定是一个常见的难点。本章采用 SOSO 增强技术，并将其与 IFNLM 相结合，提出了一种增强降噪结构 SOSO_IFNLM，以增强滚动轴承的早期弱冲击特性。k 值改进的对称高阶频率加权能量算子（k－SHFWEO）具有良好的解调性能并可以进一步提高信号干扰比。针对滚动轴承故障振动信号具有明显的调幅频特性，采用 k－SHFWEO 对增强降噪信号进行解调，并从 SHFWEO 能量谱中识别出微弱的轴承故障特征。SOSO_IFNLM－SHFWEO 方法的技术路线如图 4－3 所示。

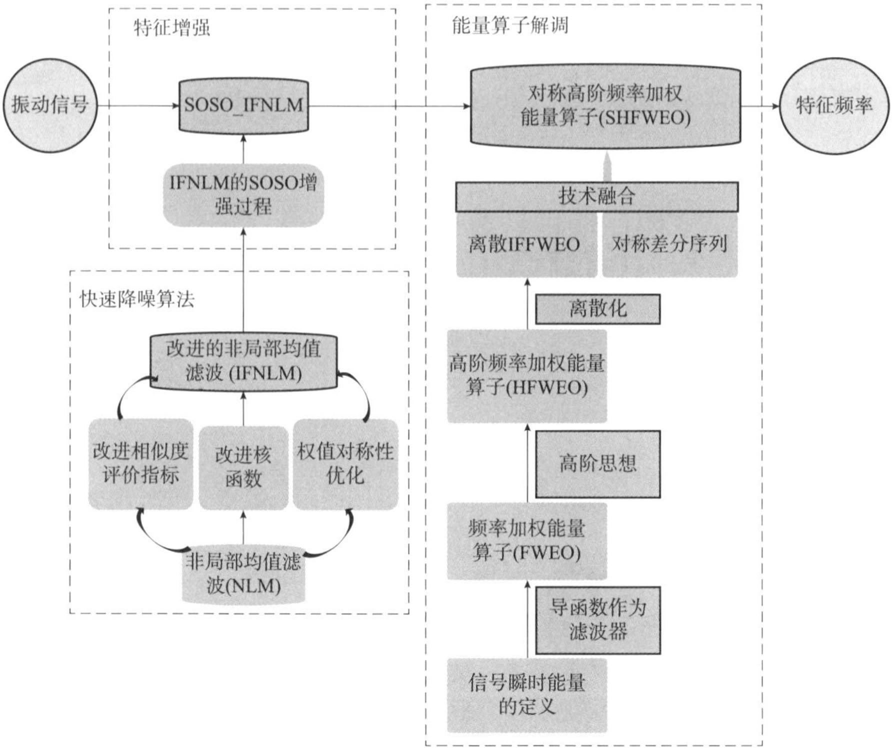

图 4－3 SOSO_IFNLM－SHFWEO 方法的技术路线

4.5 仿真验证和分析

为了验证所提方法的可行性和有效性，同样采用第3章中式(3－38)和式(3－39)所描述的仿真信号进行分析。由第3章可知，对于对低背景噪声水平(SNR＝－6dB)下的故障脉冲信号$f_1(t)$，通过能量算子便可直接将故障特征信息提取出来。对高噪声水平(SNR＝－10dB)下模拟故障信号$f_2(t)$，经过IFNLM降噪预处理后便可由SHO－AEO能量算子将故障特征解调出来。对高噪声水平(SNR＝－10dB)下存在谐波干扰的轴承故障模拟信号$f_3(t)$，单纯采用能量算子，或利用滤波算法降噪后再采用能量算子都很难将故障特征提取出来。而第3章提出的方法HTFIF－k－SDAEO脱颖而出，得到了满意的结果。

在此基础上继续减弱故障脉冲信号强度，模拟早期微弱故障信号，增加特征提取的难度。在故障信号$f_4(t)$中加入信噪比为－12dB的高斯白噪声$n_3(t)$，故障脉冲信号$x'(t)$的振幅A_m设置为3。故障冲击信号及其频谱如图4－4所示，复合信号$f_4(t)=x'(t)+I(t)+n_3(t)$趋于微弱故障信号，其时域波形和频谱如图4－5所示。显然，在时域信号中故障冲击特征完全被强噪声和干扰所掩盖，在频谱图中干扰谱线突出，识别不出任何故障相关特征信息。

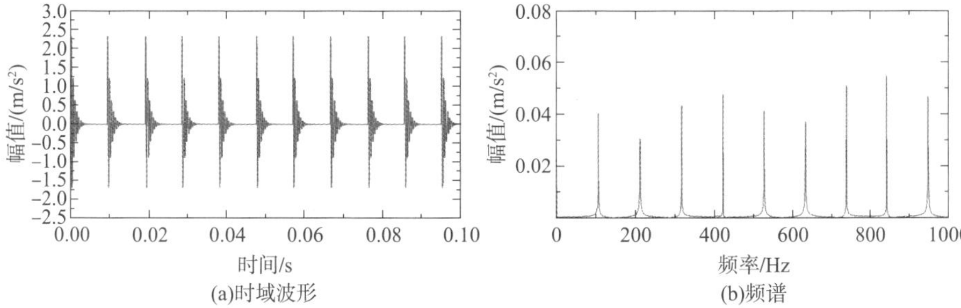

图4－4　故障脉冲信号

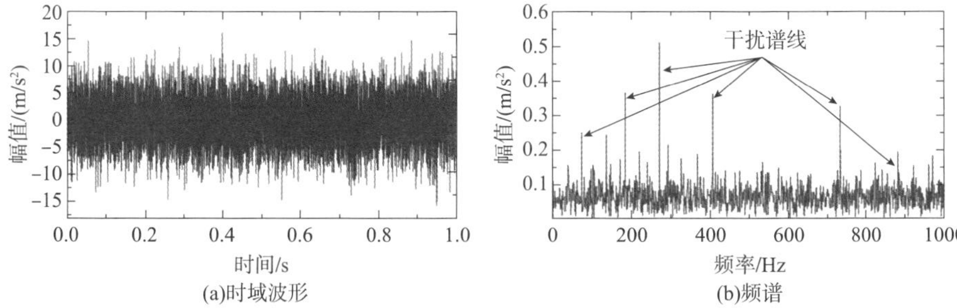

图4－5　复合信号

首先尝试采用第 2 章所提 IFNLM－SHOAEO 方法对此微弱故障复合信号进行处理。利用 IFNLM 对原始信号进行滤波并采用 SHOAEO 对滤波后的信号进行解调，结果如图 4－6 所示。从时域波形可以看出，与原始信号相比，IFNLM 有效地去除了大量的噪声，但仍无法识别出含有故障信息的脉冲。从其 SHOAEO 谱中仅能观察到故障特征频率的 3 倍频，但无法识别出故障特征频率本身及其他谐波。

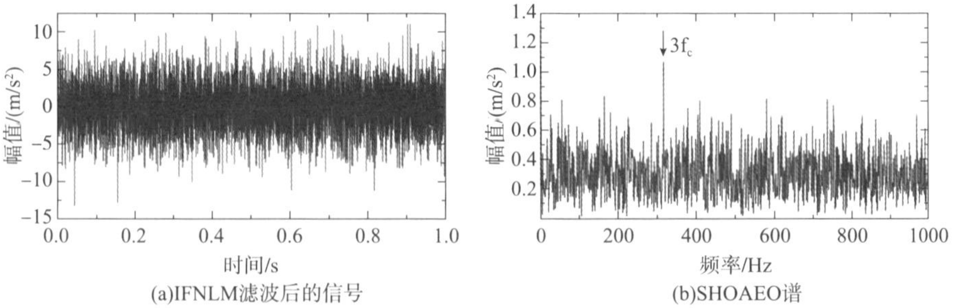

图 4－6　IFNLM－SHOAEO 处理结果

鉴于 IFNLM－SHOAEO 方法对此模拟故障特征提取失败，接着，尝试采用第 3 章所提的 HTFIF－k－SDAEO 方法对复合故障信号进行分析。首先，对原始信号进行 HTFIF 分解，结果得到 10 个 IMF 分量，如图 4－7 所示。

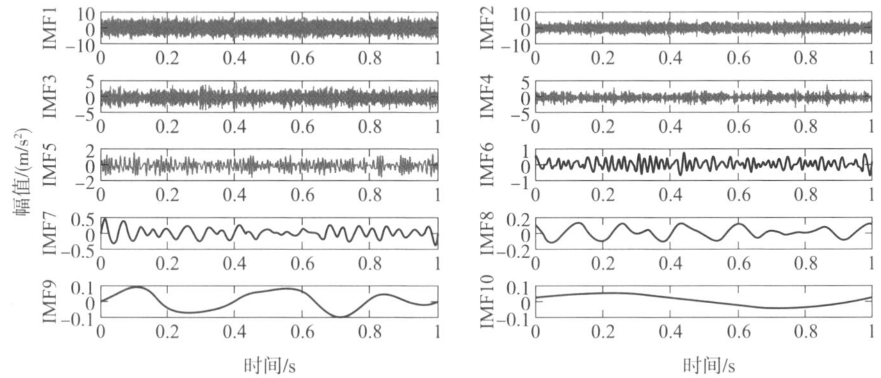

图 4－7　HTFIF 对模拟信号的分解结果

为选择富含故障特征信息的敏感 IMF 分量，分别计算了各 IMF 的 L－KCA 指标值，结果如图 4－8 所示。显然，IMF2 有最大 L－KCA 值，即为敏感分量。

采用 k－SDAEO 和本章所提 SHFWEO 对 IMF2 进行解调分析。计算每个 k－SDAEO 的 SNRI，结果如表 4－1 所示。显然，在 $k=2$ 时 k－SDAEO 的 SNRI 有最大值。故 2－SDAEO 为最佳 k－SDAEO。

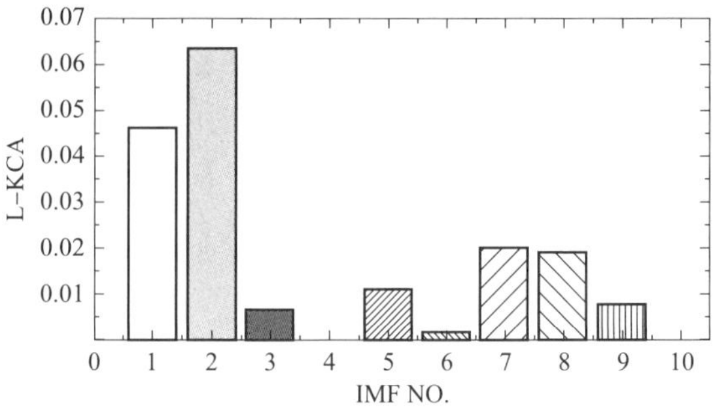

图 4-8　各 IMF 分量的 L-KCA 值

表 4-1　*k*-SDAEO 在不同 *k* 值的 SNRI　　dB

k	1(SDAEO)	2	3	4	5
SNRI	-0.4253	-0.3215	-2.0134	-0.6433	-0.9057

为了方便与带有 SOSO 增强滤波结构的提取方法进行对比，此处同时采用 2-SDAEO 和 SHFWEO 对敏感 IMF 进行处理，其能量谱如图 4-9 所示。从 2-SDAEO 谱中无法观测到故障特征频率，只可以看到其 2 倍频；SHFWEO 谱中噪声严重，仅可勉强找出故障特征频率的 2 倍频和 4 倍频，而故障特征频率本身仍淹没在背景噪声中。因此，前述两种方法都无法给出满意的结果。

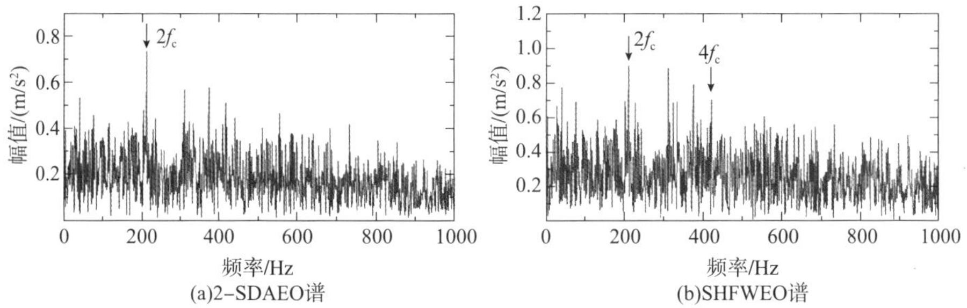

图 4-9　敏感 IMF 分量的能量谱

基于此，采用本章所提 SOSO_IFNLM-SHFWEO 方法对此微弱故障信号进行提取。现将原始信号作为 IFNLM 的输入信号进行 SOSO 增强降噪，详细步骤如下：

(1) 采用 IFNLM 对 y_c 进行滤波，作为第一次滤波的结果，记为 $\hat{x}^1$。

(2) 将 $\hat{x}^1$ 加入原始复合信号 f_4 中，得到第 1 次增强的底层信号，记为 H_1；并对此增强信号 H_1 进行 IFNLM 滤波，从结果中减去第 1 次滤波的结果 $\hat{x}^1$，得到第 2 次滤波结果，记为 $\hat{x}^2$。注意，从这一次迭代开始，每次滤波结果都是增强的滤波结果。

(3)将 $\hat{x}^2$ 加入原始复合信号 f_4 中，得到第 2 次增强的底层信号，记为 H_2；并对此增强信号 H_2 进行 IFNLM 滤波，从结果中减去第 2 次滤波的结果 $\hat{x}^2$，得到第 3 次滤波结果，记为 $\hat{x}^3$。

(4)将 $\hat{x}^3$ 加入原始复合信号 f_4 中，得到第 3 次增强的底层信号，记为 H_3；并对此增强信号 H_3 进行 IFNLM 滤波，从结果中减去第 3 次滤波的结果 $\hat{x}^3$，得到第 4 次滤波结果，记为 $\hat{x}^4$。

(5)将 $\hat{x}^4$ 再进行一次 IFNLM 滤波，即二次降噪，得到最后的输出结果，记为 $\hat{x}^{4'}$。

SOSO_IFNLM 增强降噪的每一步输出结果及其 SHFWEO 谱如图 4－10 所示。可见，随着增强降噪递归次数的增加，噪声水平逐渐降低，故障冲击序列逐渐突出，每一步对应 SHFWEO 谱中轴承故障特征频率及其谐波逐渐清晰。第 5 步的二级降噪滤除了随着故障冲击特征增强而增强的一部分噪声，进一步凸显了故障冲击特征。从直接 IFNLM 降噪结果 $\hat{x}^1$ 的 SHFWEO 谱图[图 4－10(b)]可以识别出故障特征频率及其 3 次、5 次和 7 次谐波，但背景噪声严重，且识别出的故障特征频率谐波不连续。在 SOSO 增强降噪的最终输出结果 $\hat{x}^{4'}$ 的 SHFWEO 谱[图 4－10(j)]中，轴承故障特征频率及其谐波清晰、连续，极易识别。由此可见，SOSO 增强结构可以大大增强 IFNLM 算法的降噪性能，能够有效提取微弱轴承故障信息。

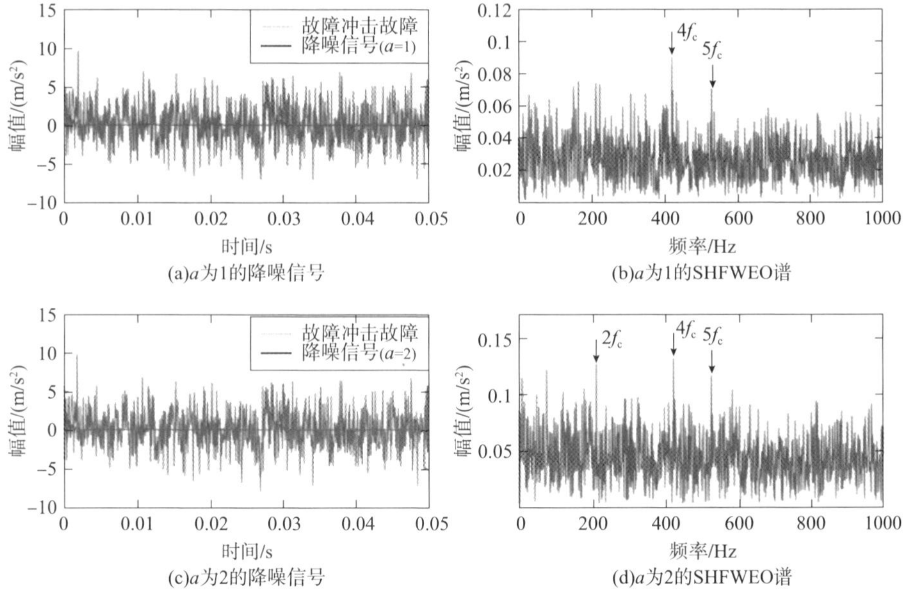

图 4－10　SOSO 增强降噪结果及其 SHFWEO 谱

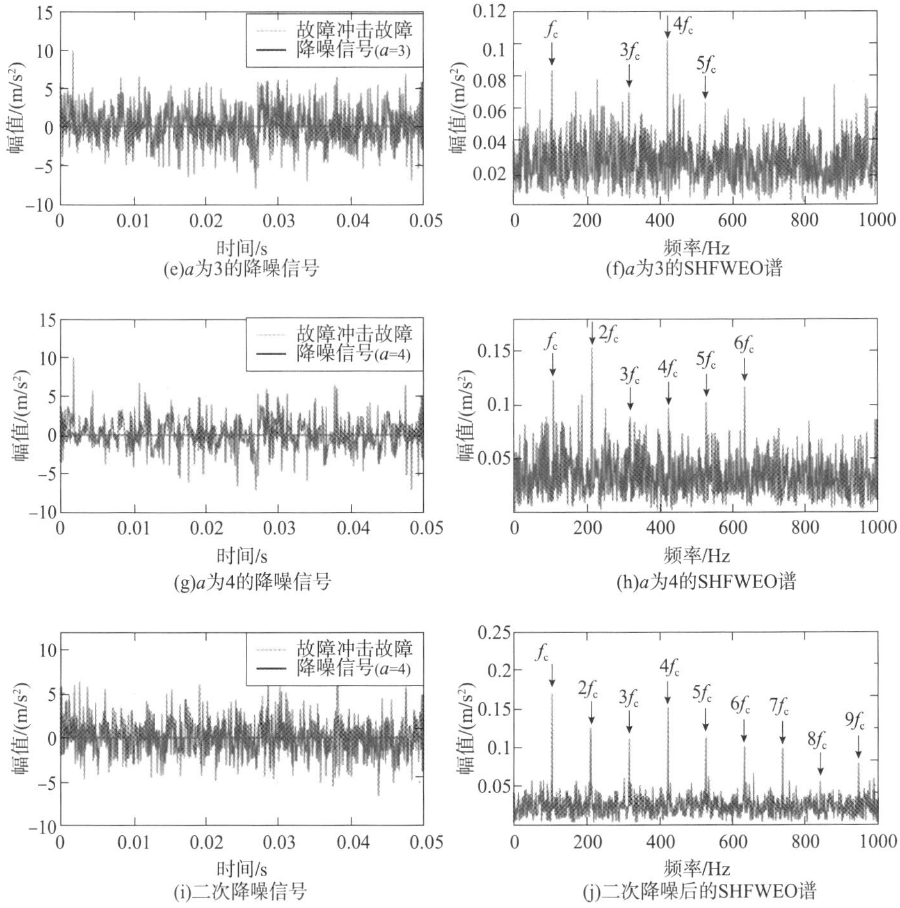

图 4－10　SOSO 增强降噪结果及其 SHFWEO 谱(续)

为了定量评价迭代增强的效果，即在保持与原始信振动号相似以及保留原始信号平滑性的同时，消除噪声干扰的能力，本章采用平均绝对误差(MAE)和信噪比(SNR)作为评价指标。根据式(2－17)和式(2－18)分别计算出每一次增强降噪后信号的 SNR 和 MAE，结果如表 4－2 所示。显然，随着迭代增强次数的增加，降噪信号的 SNR 逐渐增大，MAE 逐渐减小。第四次增强降噪的二级降噪进一步提高了信号的 SNR 和降噪结果的准确性。

表 4－2　增强降噪信号的 SNR 和 MAE

性能指标	$k=1$	$k=2$	$k=3$	$k=4$	$k=4'$
SNR	－8.4463	－7.7561	－6.1453	－4.1329	－1.8217
MAE	2.8926	0.7286	0.7015	0.4072	0.3549

4.6 实验验证和分析

4.6.1 实验一

在本节中使用实验数据来验证 SOSO_IFNLM－SHFWEO 方法对滚动轴承早期故障诊断的性能。首先对辛辛那提大学智能维护系统中心(IMS)提供的滚动轴承全寿命周期加速实验数据进行了研究。实验台整体结构示意图及其局部结构图如图4－11(a)和图4－11(b)所示，主要由交流电机、摩擦带、主轴、四套轴承部件、测量装置、加载机构以及润滑系统组成。在主轴上安设有4个Rexnord ZA－2115型双列圆锥滚子轴承，轴承规格及其相关特征频率分别如表4－3和表4－4所示。加载装置通过弹簧机构将26.690kN的径向载荷加载到轴和中间两个轴承上。在每个轴承的轴向和径向上各安装一个PCB353B33石英ICP加速度传感器，用来对振动数据进行记录和采集。主轴转速为2000r/min，采样频率设置为20kHz，在此全寿命周期加速实验台上做了三组实验，其中第2组实验持续了9840min，每隔10min采集一次，每次采集20480个点，共采集984个数据文件，每个文件包含4列分别对应4个轴承状态。实验结束后对实验台进行拆解，发现1号轴承外圈发生了局部损伤，说明第2组实验中只有该轴承的数据为全寿命数据。因此，此处就选择该轴承的实测数据来进行分析和处理。

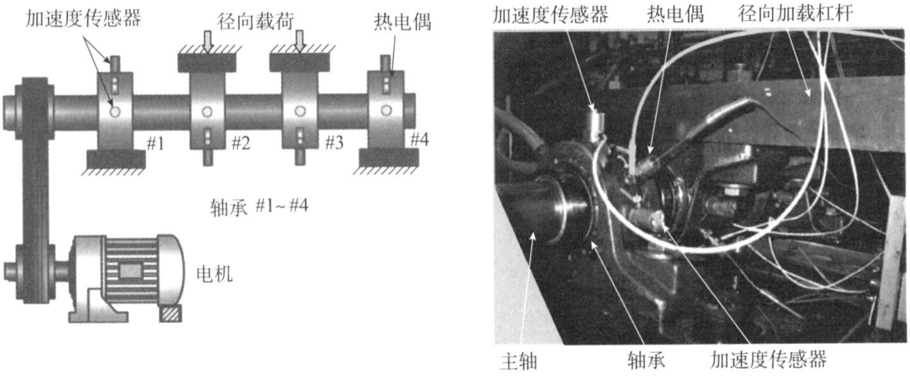

(a)整体结构示意图　　(b)局部结构

图4－11　全寿命周期加速实验台

表 4-3　轴承规格

滚动体直径/mm	节径/mm	滚动体数量/个	接触角/(°)	静载荷/kN
8.4	71.5	16	15.17	26.690

表 4-4　轴承故障相关频率

轴承型号	转频 f_r/Hz	采样频率/kHz	轴承故障特征频率/Hz		
			内圈 f_i	外圈 f_o	滚动体 f_b
ZA-2115	33.3	20	296.90	236.43	140.04

测量信号的均方根(RMS)值与冲击信号的幅值正相关，在工业上用于测量振动强度和指示早期缺陷。在第 3 章介绍了一种用于检测故障冲击丰富度的指标自相关函数脉冲谐波噪声比(ACFHNR)，其值与冲击脉冲能量正相关，也可以反映轴承的运行状态。因此，本章计算了第 2 组故障振动信号在整个测试寿命周期的 RMS 和 ACFHNR 指标值，趋势图及其局部放大图如图 4-12 所示。

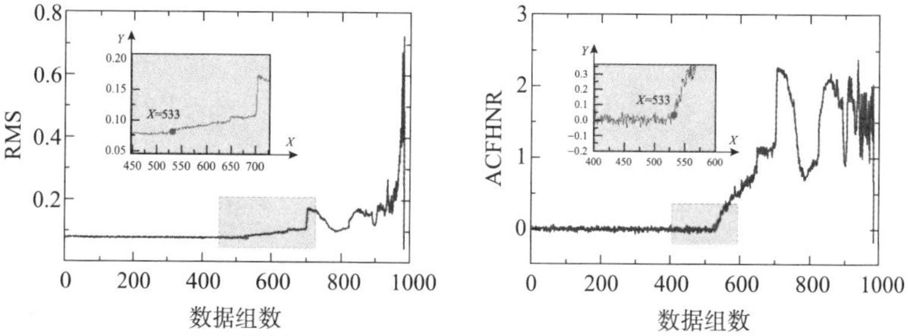

(a)RMS指标　(b)ACFHNR指标

图 4-12　轴承的预测指标趋势图

从图 4-12 中可以看出，对第 2 组全寿命周期实验，RMS 和 ACFHNR 指标的早期故障预测点都在第 533 组数据。因此，本章对第 532 组故障数据进行分析，其时域信号及其频谱如图 4-13 所示。由图 4-13 可以看出，时域信号由噪声主导，无法观测到间隔均匀的故障冲击脉冲；从其频谱图中也无法观测出轴承故障特征频率及其相关谐波。因此无法判定轴承有无故障。

首先，采用本书提出的 SHO-AEO、k-SDAEO 和 SHFWEO 三种能量算子对原始信号进行直接处理。根据最大 SNRI(表 4-5)，选择 $k=1$ 为最佳分辨率，此时 k-SDAEO 退化为 SDAEO。SHOAEO、SDAEO 和 SHFWEO 的能量谱如图 4-14 所示。显然，三种能量算子都无法有效检测出任何轴承故障特征相关信息。

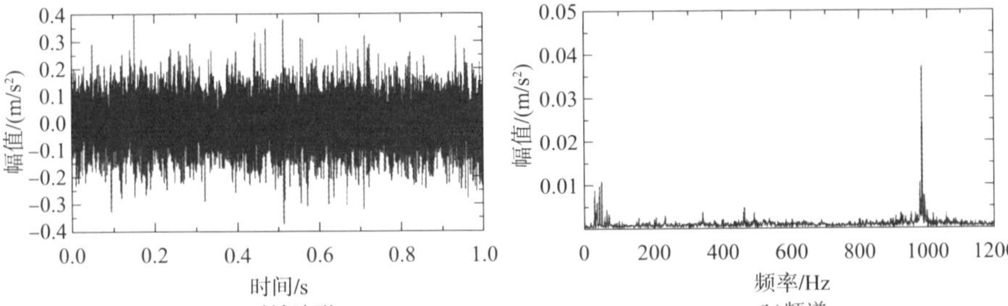

(a)时域波形 (b)频谱

图 4-13 第 532 组故障数据

表 4-5 k-SDAEO 在不同 k 值的 SNRI　　dB

k	1(SDAEO)	2	3	4	5
SNRI	-1.7332	-2.5163	-7.7312	-5.2571	-4.3470

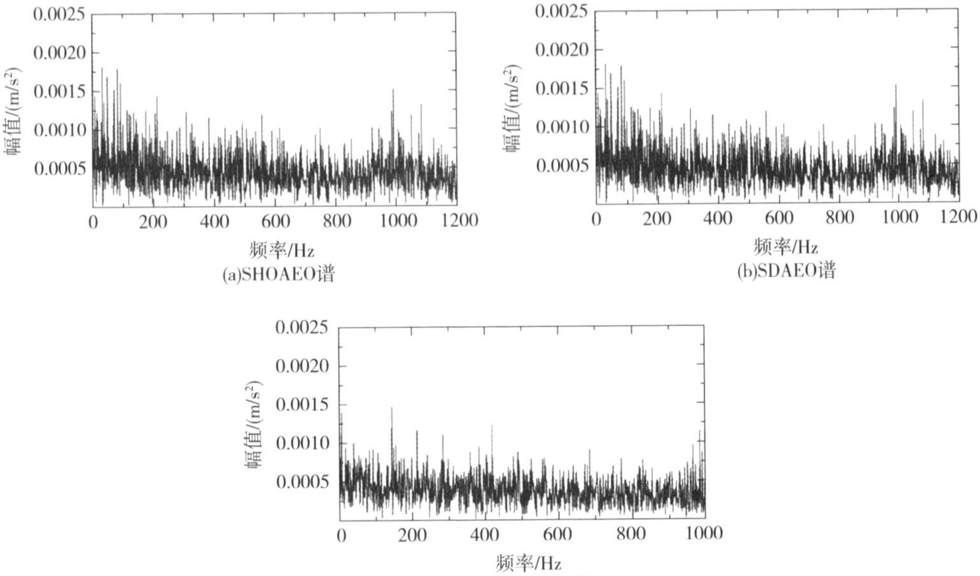

(a)SHOAEO谱 (b)SDAEO谱 (c)SHFWEO谱

图 4-14 第 532 组故障信号的能量谱

其次，采用第 2 章所提 IFNLM_SHOAEO 方法进行处理，即先对原始信号执行 IFNLM 快速降噪，再利用 SHO-AEO 对降噪后的信号进行特征提取，结果如图 4-15 所示。可见，降噪后信号虽然去除了部分噪声，但仍然不能清晰地识别出滚动轴承故障冲击特征。从其降噪后的 SHO-AEO 能量谱图中只能勉强识别出故障特征频率，但幅值太低且无法观测到其谐波，背景噪声和干扰谱线过多，无法确定故障的存在与否。

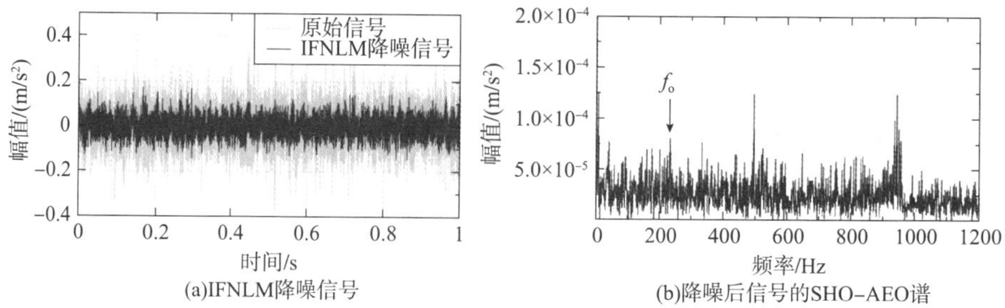

图 4-15 IFNLM_SHOAEO 处理结果

最后，再尝试使用第 3 章所提 HTFIF - k - SDAEO 方法进行检测。原始信号经 HTFIF 分解后得到 10 个 IMF。计算每个 IMF 的 L - KCA 值，结果如图 4 - 16 所示。选取 L - KCA 值最大的 IMF1 作为敏感 IMF，根据其 k - SDAEO 的最大 SNRI 准则，选择 4 - SDAEO 对敏感 IMF 进行解调，结果如图 4 - 17 所示。可见 HTFIF - k - SDAEO 方法亦不能对故障特征频率及其谐波进行有效识别。

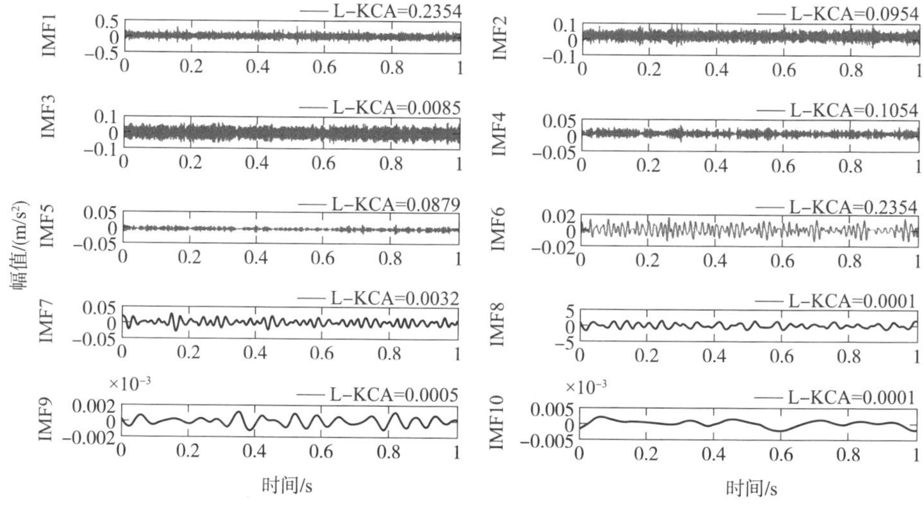

图 4-16 HTFIF 的分解结果

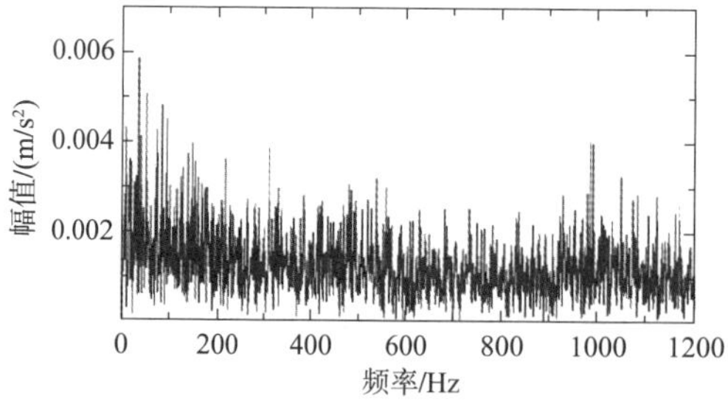

图 4-17 HTFIF - k - SDAEO 提取的结果

可见，前文提出的方法虽然取得了一定的成果，但对复杂背景下早期故障特征的提取能力有限。现采用本章所提 SOSO_IFNLM - SHF-WEO 方法对第 532 组故障数据进行分析。对原始振动信号执行 SOS_IFNLM 增强滤波，每次滤波结果及其 SHFWEO 谱如图 4－18 所示。从图 4－18 中可以看出，随着增强降噪迭代次数的增加，时域信号的周期性冲击特征越来越明显，在其 SHFWEO 谱中，外圈故障特征频率及其连续谐波逐渐突出。

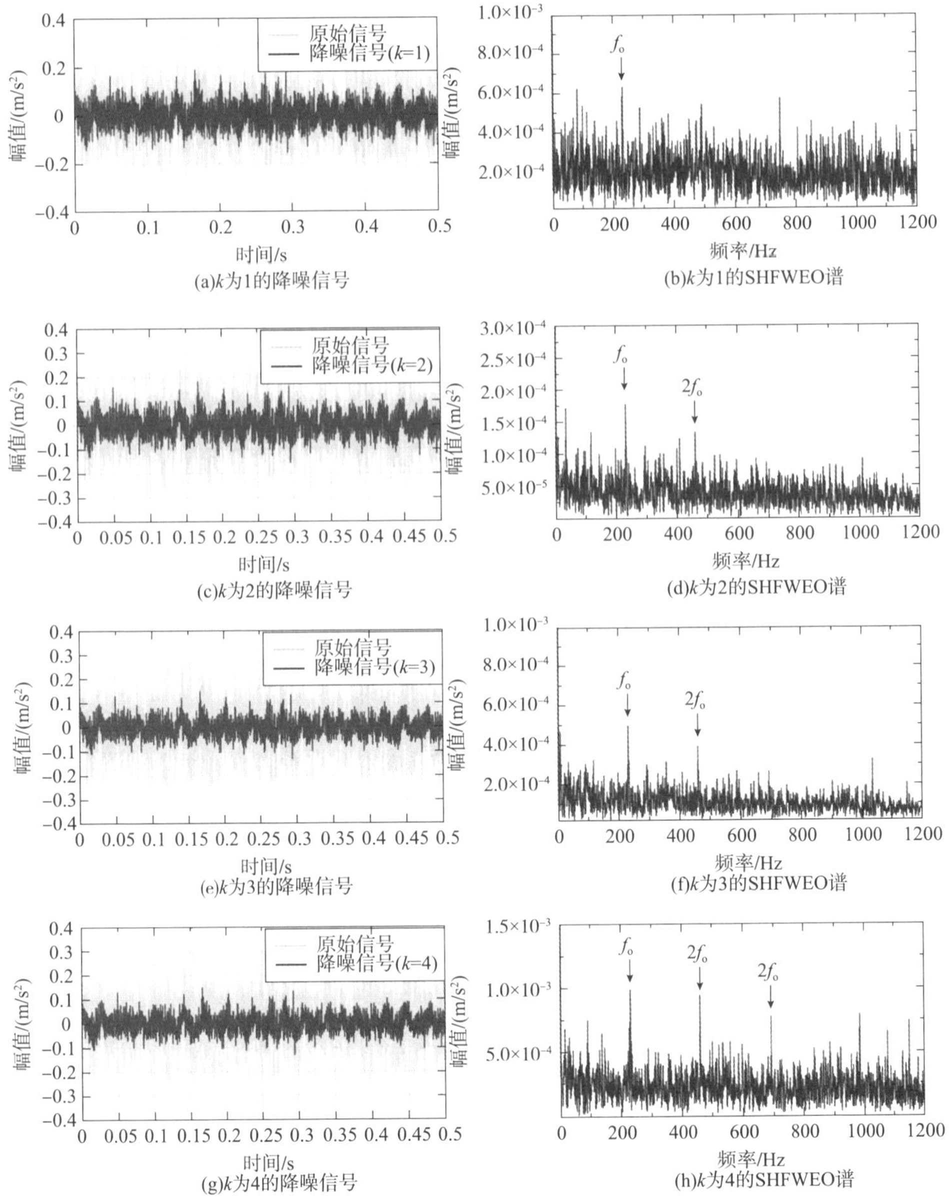

图 4－18　SOS 增强降噪的中间结果

先对四次递归滤波后的信号进行二次滤波完成 SOSO 过程，再采用 SHFWEO

解调方法对二次滤波后的信号进行处理，结果如图 4－19 所示。可见，二次滤波后，随着故障特征的递归增强而增强的部分噪声再次被抑制，轴承故障冲击被进一步凸显，从其 SHFWEO 谱中可以清晰地观测到轴承外圈故障特征频率及其连续 2～5 次谐波，取得了满意的提取效果。将此结果与未使用 SOSO_IFNLM 增强滤波方法，即直接对重构信号执行 SHFWEO 解调的结果[图 4－18(b)]相比较，则 SOSO_IFNLM 增强滤波的优势一目了然。

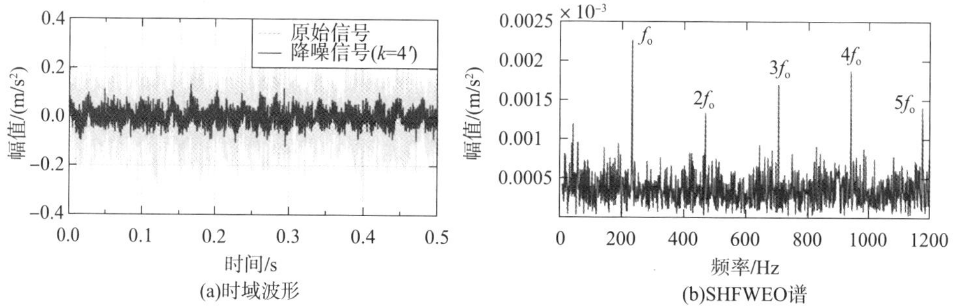

图 4－19　SOSO 增强降噪的输出结果

为了定量评价 SOSO 增强降噪的性能，我们依然采用式(2－58)所表示的谱能量占比作为评价函数进行分析。SOSO 增强过程的中间环节及其输出结果的谱能量占比 η 的计算结果如表 4－6 所示。由表 4－6 可以看出，随着 SOSO 迭代滤波次数的增加，外圈轴承故障冲击的谱能量占比逐渐增大。其中最后一步，即二次滤波的增长幅度最大，这是因为随着 SOS 迭代次数的增加，不仅微弱冲击特征得到了增强，第一步未能滤除的噪声也随之增强。因此，本书所用的 SOSO 结构优于 SOS 的。

表 4－6　SOSO 增强过程的谱能量占比　　%

n	1	2	3	4	输出
η	0.0865	1.0187	2.0313	5.1704	16.9840

大量研究表明，最小熵反褶积(MED)可以去除大量噪声干扰，突出尖峰脉冲，提高信噪比，是滚动轴承早期微弱故障信号检测的有效技术。为了进一步验证所提 SOSO_IFNLM－SHFWEO 方法的优越性，采用滚动轴承微弱故障特征提取方法 CEEMD－MED－Teager 进行比较。首先采用 CEEMD 方法对 1 号轴承的采集信号进行分解，结果如图 4－20 所示，得到 15 个 IMF 分量，根据最大相关系数准则选取 IMF2 作为敏感分量。其次，采用 MED 方法对敏感 IMF 进行特征增强。最后，采用 TEO 算子对 MED 处理后的增强信号进行解调分析，结果如图 4－21

所示。由图 4－21 可见，MED 处理后去除了大量噪声，但冲击信号的周期性并不明显；从其 TEO 谱图中只可以观察到 232Hz 的故障特征频率但无法观测到其倍频。故障特征提取效果远逊于本次研究所提 SOSO_ IFNLM－SHFWEO 方法的［图 4－19(b)］。

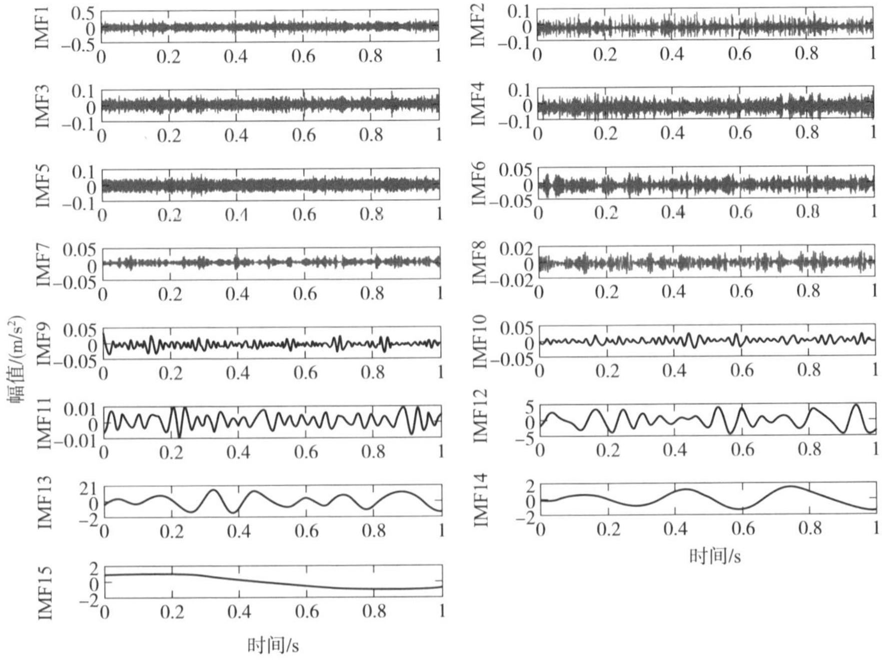

图 4－20 CEEMD 分解的结果

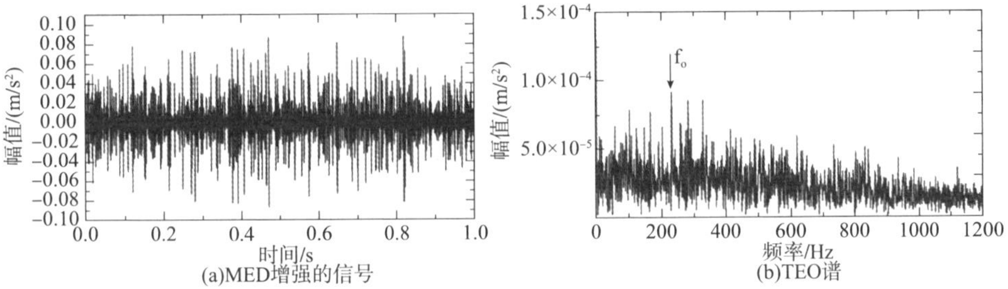

图 4－21 CEEMD－MED－Teager 处理结果

最后，以 MATLAB2017b 为操作软件，在 Windows10，64 位操作系统下，在配置为英特尔酷睿 i5－8265U CPU 和 8.0GB RAM 的计算机上比较了两种方法的计算效率，其运行时间如表 4－7 所示。SOSO_ IFNLM－SHFWEO 的计算时间仅为 0.3041s，远小于 CEEMD－MED－Teager 方法(63.8721s)，几乎是瞬间完成的，为滚动轴承早期微弱故障快速检测提供了一种可行方案。

表 4－7　两种方法的运行时间

s

算法	SOSO_IFNLM－SHFWEO	CEEMD－MED－Teager
时间	0.3041	63.8721

4.6.2　实验二

为了进一步评估 SOSO_IFNLM－SHFWEO 算法的有效性，在西安交通大学朱永生教授团队的加速寿命试验台上进行了验证。该实验台主要由实验台本体、驱动与电器控制系统、测试系统以及加载装置组成。

1. 实验台本体结构

实验台本体结构如图 4－22(a)所示，主要由四个通道传感器、轴承座、加载装置、驱动装置等组件构成。轴承安装在加载装置和驱动装置之间的黑色箱体中。

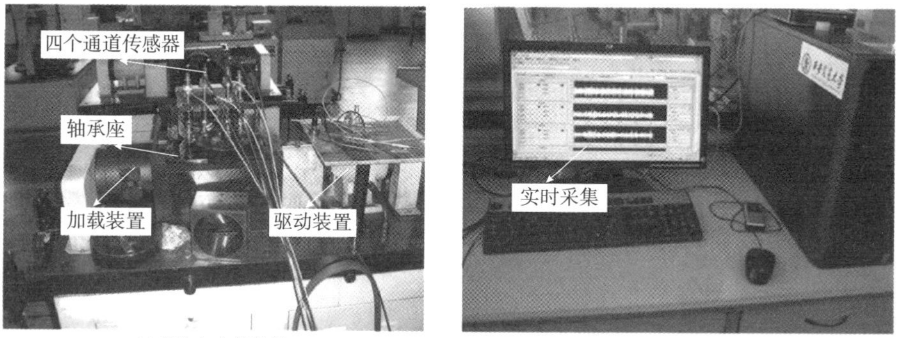

(a)实验台本体结构　　(b)服务器

图 4－22　加速寿命实验台

2. 驱动与电器控制系统

该实验台由变频电机提供动力，带动同步带、带轮及带轮轴组成的传动机构升速传动，传动比为 4。电器控制系统由电机启停与变频控制器、液压缸继电器以及油泵启停开关等组成。

3. 测试系统

实验台的测试系统主要由加速度传感器和数据采集系统组成。传感器采集到的振动信号通过采集卡、工控机、无线局域网传输后，实时传递到服务器，服务器如图 4－22(b)所示。

4. 加载装置

加载装置的功能是通过由齿轮泵、减压阀、蓄能器、加载液压缸等组成的液压回路对轴承预紧力进行动态调整以加速轴承的损坏，从而节省实验时间。

测试轴承为6309型深沟球轴承，加载装置对轴承施加的径向载荷为16.17kN，轴向载荷为0。采样频率设置为32kHz，每隔20min进行一次数据采集，每次采集32000个点。故障轴承的规格如表4－8所示，主轴转速及轴承各部位故障特征频率如表4－9所示。

表4－8　故障轴承的规格

轴承中径 D/mm	滚子直径 d/mm	接触角 α/(°)	滚子个数/列
72.50	17.46	0	8

表4－9　轴承故障特征频率

故障部位	转速/(r/min)	采样频率/Hz	特征频率/Hz
外圈 f_o	1968	32K	101.2
内圈 f_i	1968	32K	162.7
滚动体 f_b	1968	32K	64.2
保持架 f_c	1968	32K	11.6

为了验证所提SOSO_IFNLM－SHFWEO方法在实际工程应用中的有效性，本节采用试验机滚动轴承内圈疲劳断裂的加速全寿命数据进行分析。在整个过程中，滚动轴承内滚道故障经历了从正常到断裂的过程。内圈断裂轴承如图4－23所示。

图4－23　内圈断裂轴承

采集到的数据组数为67组。整个测试寿命周期的RMS趋势如图4－24所示。由图4－24可以看出1～59组数据RMS趋势图比较平缓，状态几乎没有发生变化。在60组数据后产生了突变，可以认为第60组数据发生了严重故障，但不能确定之前是否有故障发生，若有，可视为微弱故障。

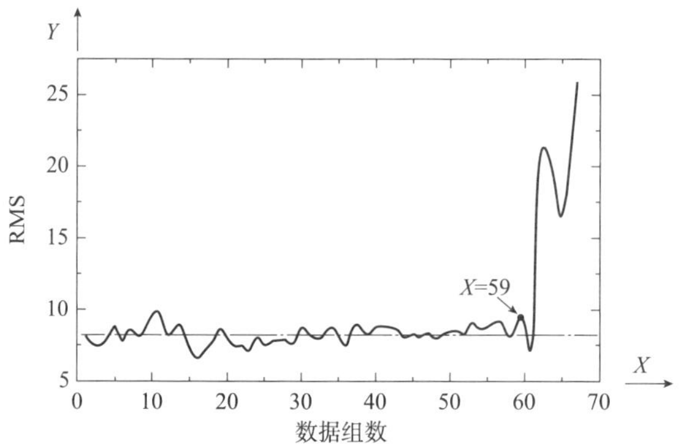

图 4-24 内圈故障的 RMS 趋势图

对其第 59 组数据进行分析，其时域信号及其频谱如图 4-25 所示。显然，从原始信号中无法观测出 162.7Hz 的内圈故障特征频率及其相关谐波。

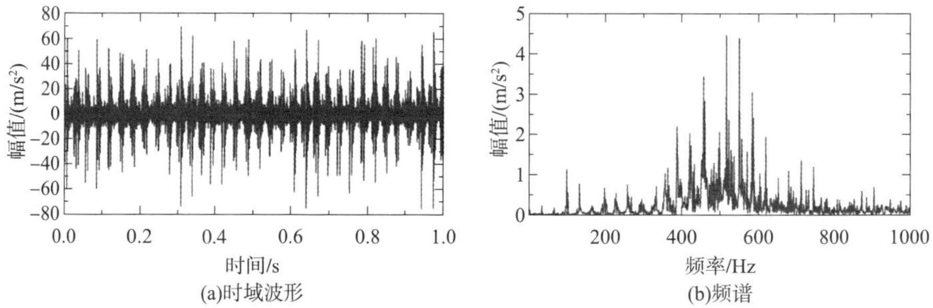

图 4-25 第 59 组数据

首先，对 59 组数据执行 SOSO_IFNLM 递归增强滤波，并采用 SHFWEO 对最终降噪结果进行解调分析，结果如图 4-26 所示。从 SHFWEO 谱中，我们可以清晰观测到轴承内圈故障频率及其 2~4 倍频。因此，本章所提 SOSO_IFNLM-SHFWEO 方法对轴承断裂的早期故障诊断依然有效。

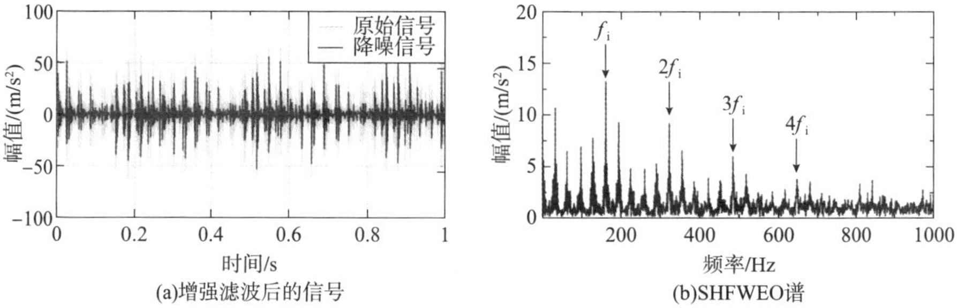

图 4-26 SOSO_IFNLM-SHFWEO 处理结果

4.7 本章小结

针对滚动轴承早期故障冲击脉冲能量比较微弱，且通常受到大背景噪声和振动干扰的污染的问题，提出了一种快速且有效的早微故障特征提取方法 SOSO_IFNLM－SHFWEO。首先，对原始信号执行 SOSO_IFNLM 递归增强滤波；其次，提出 SHFWEO 能量算子对滤波后的信号进行解调处理；最后，从其 SHFWEO 能量谱中识别轴承故障特征频率及其谐波。主要结论如下。

(1)提出一种可以大大降低调优参数的影响的 SOSO 增强滤波结构，并将其与 IFNLM 快速滤波方法相结合，在去除大量噪声的同时保持了原始振动信号的平滑性，增强了故障冲击特征。

(2)提出了一种新型能量算子——高阶频率加权能量算子(SHFWEO)，并证明了该能量算子具有优秀的解调特性和抗干扰能力。

(3)提出了一种早微故障特征快速提取的复合算法——SOSO_IFNLM－SHFWEO，该方法的执行时间只有 0.3s 左右。通过仿真和全寿命周期实验验证了该方法可以成功提取出早期微弱故障；与其他文献中提出的微弱故障诊断方法进行比较，表明该方法具有优良的故障特征提取能力和快速性能。

5 振动筛轴承单点故障诊断案例

“振动利用工程”是闻邦椿院士提出的科学概念，而振动机械正是基于振动利用理论的机械。与一般旋转机械不同，振动机械滚动轴承除了承受元件之间的滑动摩擦和滚动摩擦外，还需要承受由偏心质量块所产生的高频交变离心冲击载荷的作用，更容易损伤。同时振动机械的工作环境噪声和振动干扰更强烈，故障相关特征信息更容易淹没在机械振动信号中。因此，振动机械对故障诊断技术要求更高。

振动筛是振动机械中的核心设备，应用广泛。振动筛在工作过程中，其激振器轴承往往运行在高转速、高频交变激振力载荷工况下，润滑不当便会导致轴承内外圈与滚珠长时间磨损，发生疲劳损伤，影响振动筛的作业效率、筛分质量和使用寿命。前面的章节中提出了三种滚动轴承故障特征快速提取方法，并采用旋转机械轴承故障数据验证了其有效性和优越性。如果所提方法也能够实现振动筛轴承故障特征的快速提取，可以及时发现故障，快速采取适当的预防、补救措施，保证筛分质量，降低停机时间，提高作业效率，具有重要工程意义和价值。

因此，本章以新乡某厂家的 SDM00 型振动筛为例，探索所提故障特征快速提取方法在振动机械滚动轴承故障诊断中的应用；并以此振动筛为依托对前文所提方法进行比较。

5.1 振动筛试验平台

5.1.1 振动筛的结构和工作原理

振动筛型号为 SDM00，是双轴双电机多功能振动筛，主要由动力电机、激振器、筛箱、隔振装置和筛网等组成，其中激振器由传动轴、偏心块、轴承和轴承座等构成。两电机型号均为 Y90S－6。振动筛实物图及其结构示意图如图 5－1 所示。工作时，电机带动主轴和激振器上的偏心块旋转，偏心块随轴旋转时产生周期性变化的离心惯性力，主轴承受离心惯性力作用并通过轴承和轴承座激励筛体按一定轨迹做周期性振动，使得物料以同样的轨迹在筛网上做重复抛掷运动，尺寸较小的物料会透过筛孔落下，从而实现物料的筛分分级。通过改变偏心块的质量，可以得到不同的振幅。

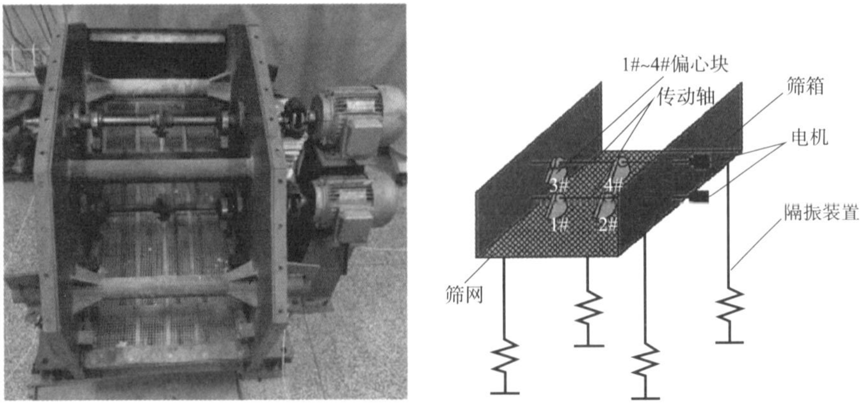

(a)实物图　　(b)结构示意图

图 5－1　振动筛试验平台

由于本次研究的 SDM00 型振动筛是双电机双轴惯性振动筛，可以进行正转和反转，从而改变筛网上物料颗粒的运动轨迹。正转时两轴同步顺时针旋转，为圆或椭圆形轨迹，反转时两轴等速反向旋转，为直线轨迹。下面对两种轨迹振动筛的工作原理分别作简单介绍。

1. **圆周振动筛的工作原理**

圆周振动筛的工作原理如图 5－2 所示，当电机驱动两轴等速同向旋转时，由于两个激振器上的偏心块质量和偏心距均相同，所以产生的离心惯性力大小也相等，又因为两激振器同步旋转，因此，两轴承受离心惯性力在 $x-x$ 和 $y-y$ 方向的分力大小和方向均近似相等，所产生的激振力将驱动筛箱以圆或椭圆形的轨迹进行振动，使得物料以同样的轨迹在筛网上重复做抛掷运动。当物料颗粒下落至筛网时，尺寸小于筛孔的物料撞网透筛，从而实现筛分分级。

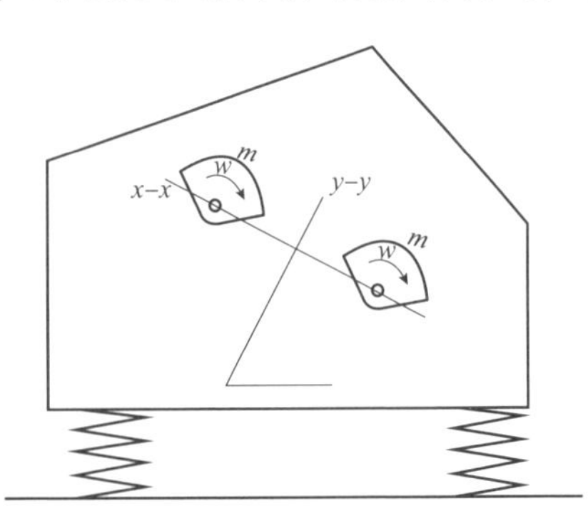

图 5－2　圆周振动筛示意图

2. 直线振动筛的工作原理

直线振动筛的工作原理如图 5-3 所示，两电机同步驱动激振器的双轴等速反向旋转时，将会在两个偏心质量块上产生离心惯性力。由于激振器中偏心块关于 $y-y$ 轴对称，即偏心块质量与偏心距均相同，因此两轴所受瞬时离心力在 $x-x$ 方向的分力大小相等方向相反可相互抵消，在 $y-y$ 方向的分力相互叠加形成一个简谐作用力，驱动筛体沿激振力方向做直线往复运动。使得物料颗粒在激振力和自身重力作用下在筛网上做抛掷运动，抛起时上下分层翻滚，下落时撞网透筛，实现筛选和分级。

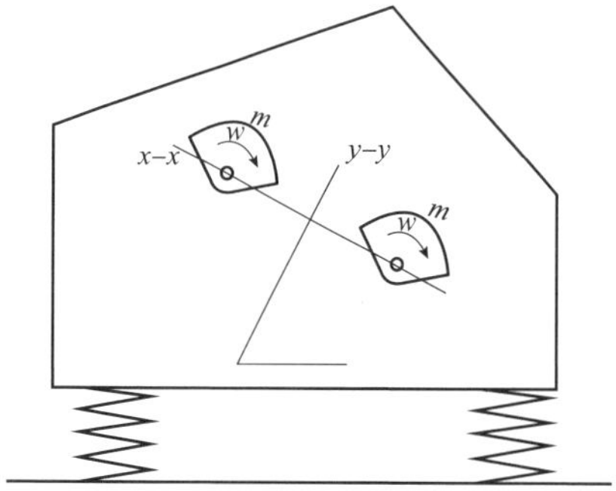

图 5-3　直线振动筛示意图

与圆周振动筛相比，直线振动筛在实际筛分过程中能耗较小，运转平衡性好，物料抛掷弧线长，触网冲击力大，更容易实现物料有效分离。因此，选用直线振动筛。

5.1.2　直线振动筛轴承受力分析

当两 Y90S-6 型电机同步驱动两组激振器的双轴等速反向旋转时，SDM00 型振动筛工作形式为直线振动筛。对其进行受力分析，结果如图 5-4 所示。

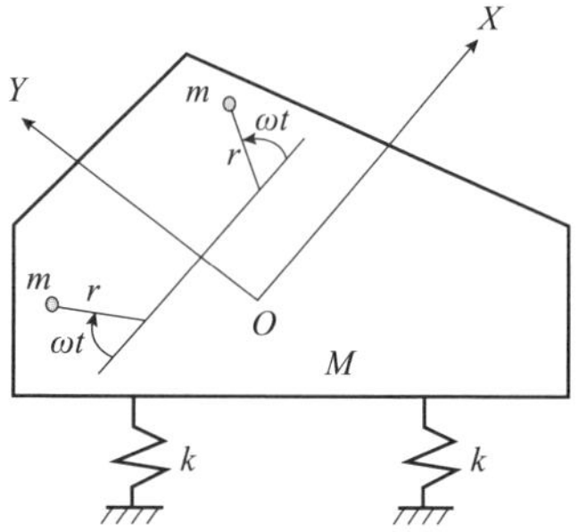

图 5-4　直线振动筛受力图

当电机以角速度 ω 驱动激振器旋转时，令 M 表示筛体质量；m 表示偏心块质量；f_y 表示振动阻尼比；k_y 表示弹簧刚度在 Y 方向分量；r 表示偏心距。则振动筛的振动微分方程可以表示为：

$$(M+2m)\frac{\mathrm{d}^2Y}{\mathrm{d}t^2}+f_y\frac{\mathrm{d}Y}{\mathrm{d}t}+k_yY=2m\omega^2r\sin\omega t \tag{5-1}$$

可得其稳态解：

$$Y=B_y\sin(\omega t-\alpha_y) \tag{5-2}$$

$$B_y=\frac{2mr}{M+2m}\frac{\lambda^2}{\sqrt{(1-\lambda^2)^2+(2\zeta\lambda)^2}} \tag{5-3}$$

其中：

$$\lambda = \frac{\omega}{\omega_n} \tag{5-4}$$

$$\zeta = \frac{f_y}{2\omega_n m} \tag{5-5}$$

$$\omega_n = \sqrt{\frac{k}{M+2m}} \tag{5-6}$$

由于 $k \ll M+2m$；则 $\omega_n \to 0$；$\lambda \to \infty$；又由于 $f_y \to 0$，则 $\frac{\zeta}{\lambda} = \frac{f_y}{2m\omega} \to 0$。故有：

$$B_y = \frac{2mr}{M+2m}\frac{\lambda^2}{\sqrt{(1-\lambda^2)^2+(2\zeta\lambda)^2}} = \frac{2mr}{M+2m}\frac{1}{\sqrt{\left(\frac{1}{\lambda^2}-1\right)^2+\left(\frac{2\zeta}{\lambda}\right)^2}} = \frac{2mr}{M+2m} \tag{5-7}$$

此外，SDM00 型振动筛为双轴双电机惯性振动筛 $\alpha_y \approx 180°$；故其振动微分方程的解为：

$$Y = B\sin\omega t = \frac{2mr}{M+2m}\sin\omega t \tag{5-8}$$

令 δ 表示激振力与水平方向的夹角，R_x 和 R_y 分别表示轴承在 X 轴和 Y 轴方向所受合力，对其激振器轴承进行受力分析，结果如图 5－5 所示。

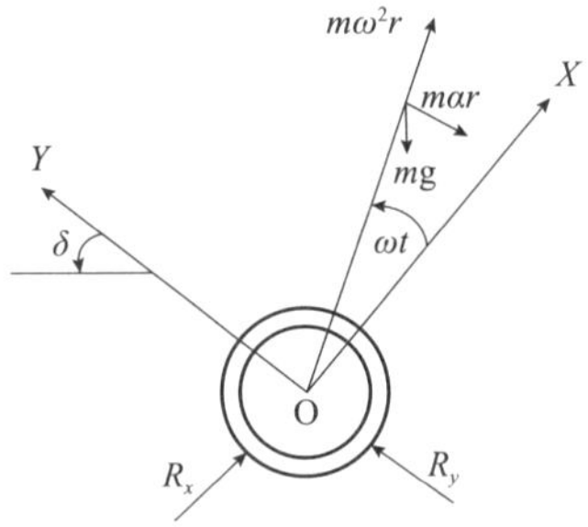

图 5－5　激振器轴承受力分析图

由图 5－5 可得激振器轴承的受力平衡方程：

$$\begin{cases} R_x - mg\cos\delta + m\omega^2 r\cos\omega t = 0 \\ R_y - mg\sin\delta + m\omega^2 r\sin\omega t - m\dfrac{\mathrm{d}^2 Y}{\mathrm{d}t^2} = 0 \end{cases} \tag{5-9}$$

将式(5－8)代入式(5－9)可得：

$$\begin{cases} R_x - mg\cos\delta = -(M+2m)\omega^2 B\cos\omega t \\ R_y - mg\sin\delta = -M\omega^2 rB\sin\omega t \end{cases} \tag{5-10}$$

$$\frac{(R_x - mg\cos\delta)^2}{[(M+2m)\omega^2 B]^2} + \frac{(R_y - mg\sin\delta)^2}{(M\omega^2 B)^2} = 1 \tag{5-11}$$

显然，激振器轴承受力的几何图形可以表示为一个以$(mg\cos\delta,\ mg\sin\delta)$为中心，以$(M+2m)\omega^2 B$为长轴，以$M\omega^2 B$为短轴的椭圆，如图5－6所示。

显然，在筛分工作过程中，振动筛激振器轴承所受最大载荷为周期性变化是动载荷，其值最大为$R_{max}=(M+2m)\omega^2 B + mg\cos\delta$；最小为$R_{min}=M\omega^2 B - mg\sin\delta$。一个周期内载荷幅值的最大变化量为：

$$\Delta R = R_{max} - R_{min} = 2m\omega^2 B + mg(\cos\delta + \sin\delta) \tag{5-12}$$

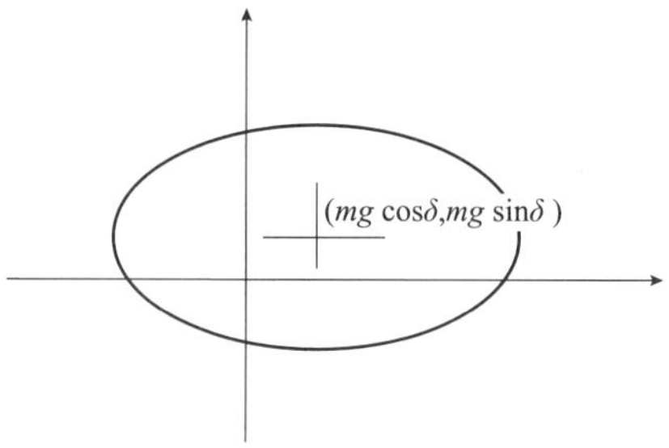

图5－6　激振器轴承受力几何图形

由以上分析可知：SDM00型振动筛在工作过程中，其偏心块随轴转至激振力方向下侧时，激振器轴承下侧δ角部位附近所受载荷最大；转至激振力方向上侧时，激振器轴承上侧δ角部位附近所受载荷最小。

由于受高频交变离心冲击载荷的作用，振动筛自身的冲击和振动增大，工作环境噪声也较大。一旦出现故障，各种振动就会混合叠加在一起，从而相互干扰，使得激振器故障轴承的振动信号是多干扰、强噪声的复合信号，从而导致故障特征的提取非常困难。

5.1.3　振动信号采集系统

1. 数据采集仪

本试验台选用北京东方振动和噪声技术研究所研发的INV3018C型高性能数据采集仪及配套的DASP采集软件对振动信号进行多通道高速率采集。采集仪如图5－7所示，相关参数如表5－1所示。

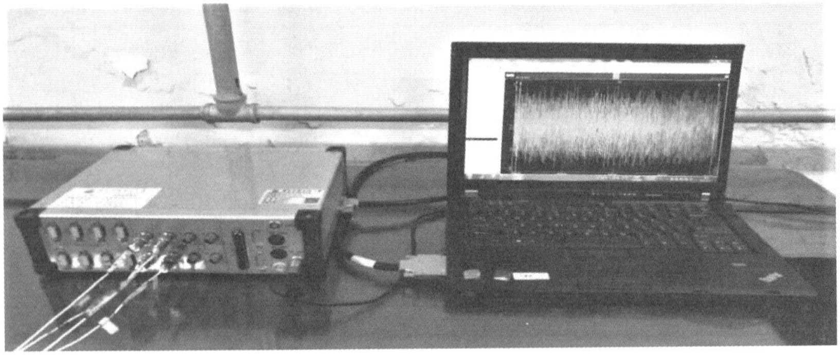

图 5 -7　INV3018C 型数据采集仪

表 5 -1　采集仪基本参数

参数	数值
通道数	8
AD 精度/位	24
高采样频率/Hz	102.4
频率分辨率误差/%	<0.01
频谱幅值示值误差/%	<1

2. 传感器

在前期研究中我们使用美国 DYTRAN 3097A2 型加速度传感器，但测试中发现对于早微故障信号不能很好识别，所以此处选用灵敏度更高的测量冲击的 DYTRAN 3274A1 超小型压电式加速度传感器，如图 5 -8 所示，其基本参数如表 5 -2 所示。

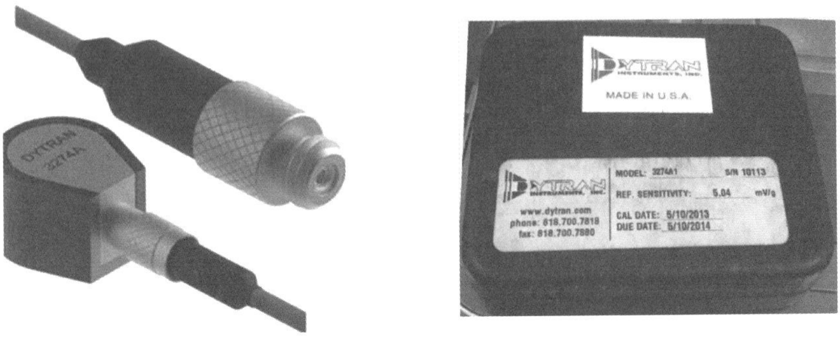

图 5 -8　DYTRAN 3274A1 型加速度传感器

表 5 -2 传感器基本参数

参数	数值
灵敏度/(mV/g)	±5
频响/Hz	1.1 ~ 10000
冲击/g	5000
工作温度范围/℃	-51 ~ 121
安装方式	黏贴

5.2 激振器轴承故障诊断试验

5.2.1 试验内容

SDM00 型振动筛以 1000r/min 的转速(转频为 16.7Hz)连续工作了一段时间，出现了间歇性噪声，激振器温度过高，物料流动偶有异常，初步怀疑其激振器轴承出现故障，需对其进行诊断。

5.2.2 数据采集

传感器需要布置在设备上被监测部位，只有测点布置得合理，才能使采集到的信号客观和直接地反映设备当前的运行状态，才能为后续的信号处理以及故障诊断提供保证。在振动信号实际采集中，通常将传感器布置在轴承座上。但是对于本次的被诊断对象激振器滚动轴承，轴承座的表面是曲面，且轴承座的旁边是两个大偏心质量块，因此，传感器无法直接黏贴在轴承座上。而最简单的办法是将传感器黏贴在与轴承距离较近的角钢上。但采用这种测试方案并未得到任何有用信息。究其原因在于振动信号在传输过程中要经过轴承座、角钢等中间介质，而故障冲击信号本身能量较小，经过中间介质传递后，能量几乎完全被衰减，所以无法检测到故障信号。因此，为了减少故障信号在传递路径中的能量衰减，在四个轴承座上各加工了一个小平台，将传感器黏贴在这些加工的小平台上。传感器和信号采集通道布局及其局部放大图如图 5 -9 所示。

按上述方式将 DYTRAN 3274A1 型加速度传感器安装在激振器轴承座的小平台上。通过高性能多通道 INV3018C 型数据采集仪对激振器滚动轴承进行采集，一共采集了 4 路信号，传感器和采集通道的布局如图 5 -9 所示。采样频率为 20kHz，每个通道采集 65534 个点。

图 5-9 传感器信号和采集通道布局及其局部放大图

激振器滚动轴承为1308型调心球轴承，其规格如表5-3所示。根据转速、轴承规格和滚动轴承理论故障频率式(1-2)~式(1-4)计算出滚动轴承的内圈故障特征频率f_i、外圈故障特征频率f_o和滚动体故障特征频率f_b，结果如表5-4所示。

表 5-3 轴承规格

内径/mm	外径/mm	滚动体直径/mm	节径/mm	滚动体数量/个	接触角/(°)
40	90	12.5	65	15	30

表 5-4 轴承故障相关频率

故障位置	内圈f_i	外圈f_o	滚动体f_b
故障特征频率/Hz	145.87	104.18	41.74

5.2.3 试验结果分析

对于采集到的四路振动信号，各取其前20000个数据点进行观测。四路振动信号的时域波形如图5-10所示。从图5-10中可以明显看出，图5-10(d)图的幅值明显高于其他三幅图的幅值，即通道4#所采集的振动信号冲击性最大，是异常信息包含最为丰富的信号。因此，选取第四路通道采集的振动信号进行分析。首先观测它的频域信息，绘制其频谱如图5-11所示。可见，从该信号时域图[图5-10(d)]中看不到任何故障特征相关信息；从其频谱图中仅能够观测到16.7Hz的转频和一些无法确定对应关系的频率值。因此，从原始振动信号中无法确定故障发生的位置。

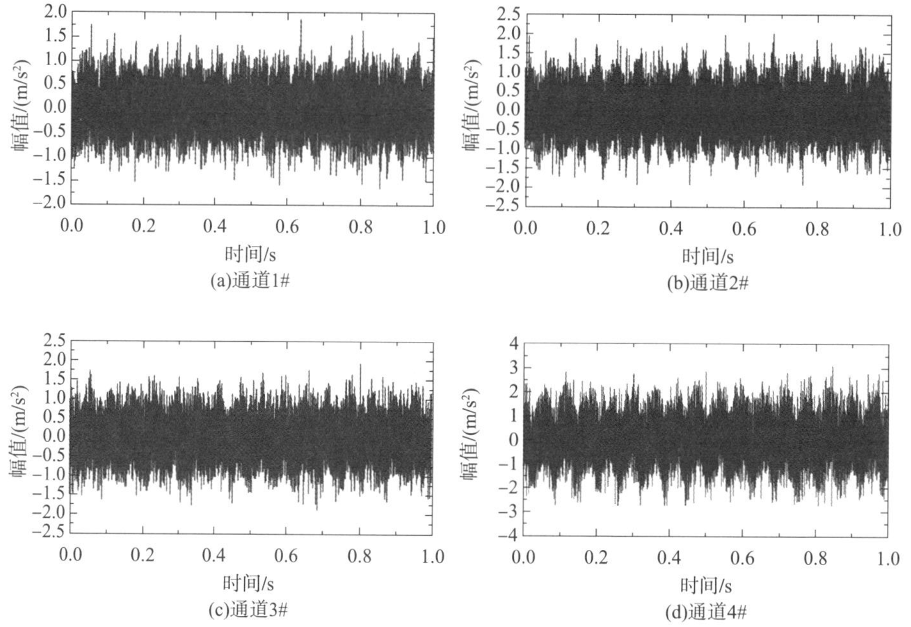

图 5－10　四路通道采集的振动信号

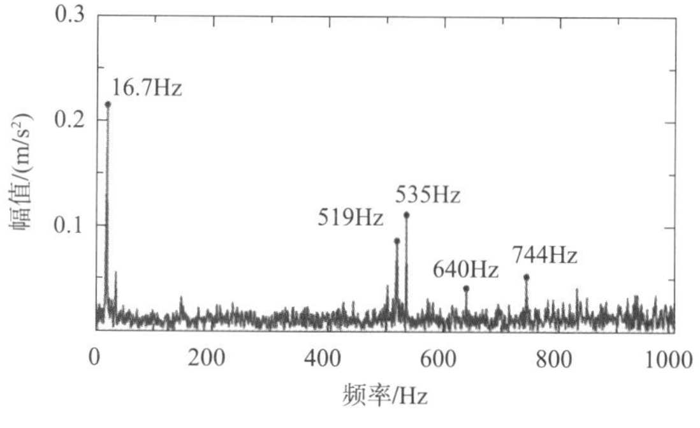

图 5－11　原始振动信号的频谱图

现采用本书前三章提出的 IFNLM－SHOAEO、HTFIF－k－SDAEO 和 SOSO_IFNLM－SHFWEO 三种故障特征提取方法分别对第四路通道采集的振动信号进行分析。

第一种方法(IFNLM－SHOAEO)：首先采用 IFNLM 对原始信号降噪，然后采用 SHOAEO 对降噪后的信号进行解调处理，结果如图 5－12 所示。由图 5－12 可以看出 IFNLM 降噪处理后，去除了大量随机噪声。波形趋于正弦曲线，这是传动轴因偏心块存在而产生的不平衡现象。从降噪后 SHOAEO 谱中仅可观测到一个 208Hz 的谱线，这近似于外圈故障特征频率的二倍频，但看不到外圈故障特征频率及其他倍频，因此无法确定激振器轴承是否出现了故障。

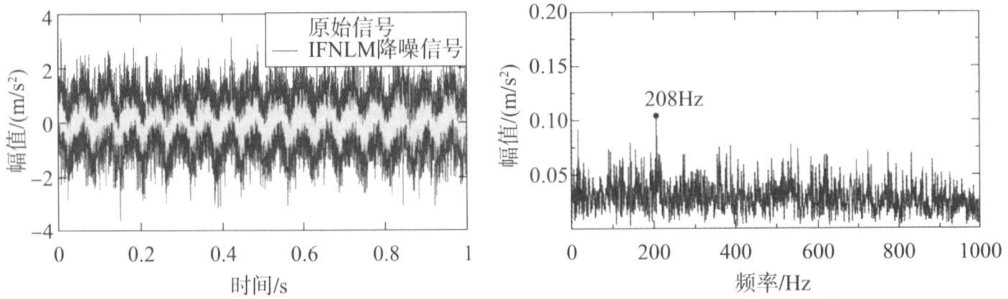

(a)IFNLM降噪后的信号　　(b)SHOAEO谱

图 5－12　IFNLM－SHOAEO 处理结果

第二种方法(HTFIF－k－SDAEO)法：对原始振动信号进行 HTFIF 分解，得到 8 个 IMF 分量，计算每个 IMF 的 L－KCA 值，结果如图 5－13 所示。由图 5－13 可见 IMF2 的 L－KCA 值最大为敏感 IMF，计算 IMF2 的 k－SDAEO 的 SNRI，结果如表 5－5 所示，由表 5－5 可见 $k=4$ 时的 k－SDAEO 最佳，因此对 IMF2 执行 4－SDAEO 解调，结果如图 5－14 所示。从 IMF2 的 4－SDAEO 谱中可以识别出 104.5Hz 和 208.2Hz 的谱线，分别对应激振器轴承的外圈故障特征频率及其二倍频，可初步判外圈出现了故障。但 104.5Hz 和 208.2Hz 的谱线幅值较低，谱图中背景噪声严重且观测不到外圈故障特征频率的高倍频。

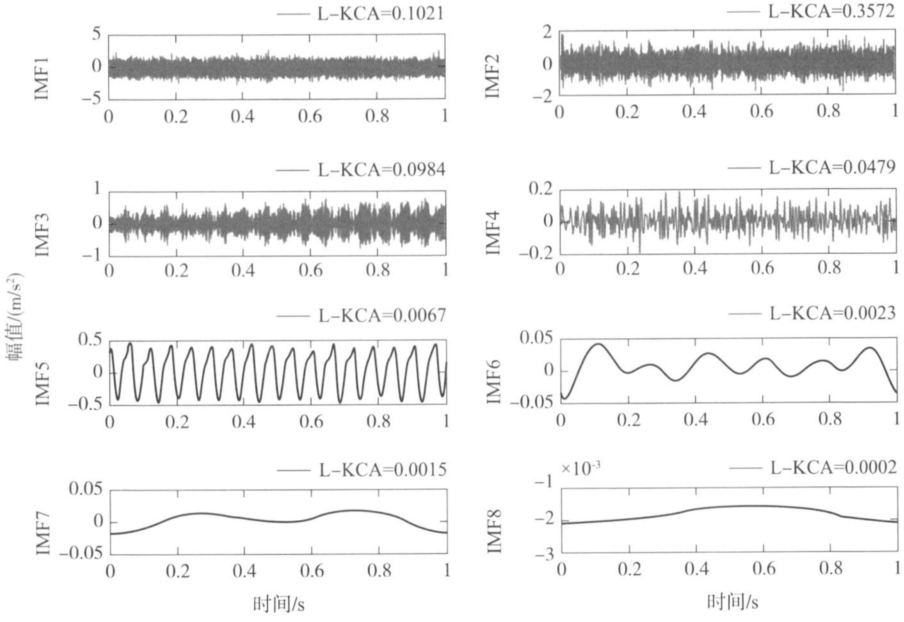

图 5－13　HTFIF 的分解结果

表 5-5　k-SDAEO 在不同 k 值的 SNRI　dB

k	1(SDAEO)	2	3	4	5
SNRI	-4.2342	-3.9451	-5.0193	-3.0134	-4.5543

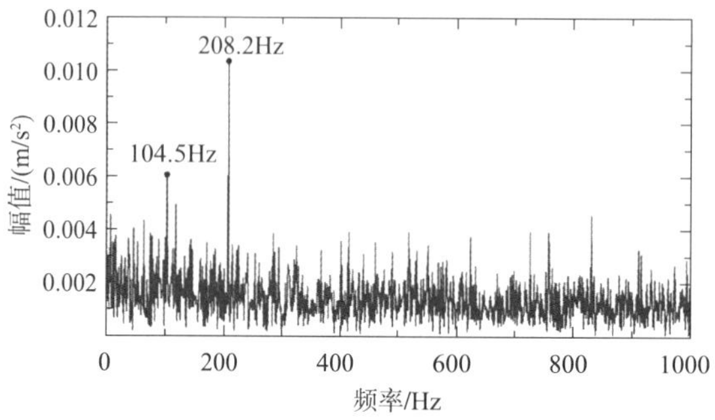

图 5-14　敏感 IMF 的 4-SDAEO 谱

第三种方法(SOSO_IFNLM-SHFWEO)：对第四路通道采集的振动信号进行 SOS_IFNLM 递归增强滤波 4 次后二次降噪，最终降噪结果及其 SHFWEO 能量谱如图 5-15 所示。由图 5-15 可以看出，SOSO 增强降噪后，时域信号的周期性冲击突出，在其 SHFWEO 谱中，可以识别出 104.5Hz、208.3Hz、312.6Hz、416.7Hz、520.7Hz、625Hz、729Hz 和 832.8Hz 的谱线，分别对应激振器轴承外圈故障特征频率及其 2~8 倍频。因此可以断定振动筛激振器轴承外圈出现了故障。

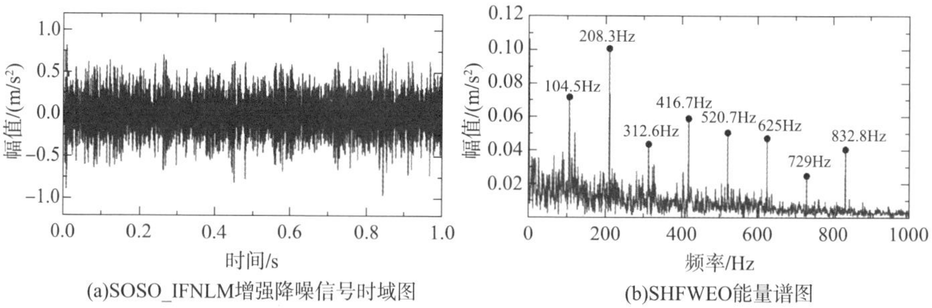

图 5-15　SOSO_IFNLM 增强降噪信号时域图及其 SHFWEO 能量谱图

试验结束后，对振动筛试验平台进行拆解，发现靠近 4#号采集通道的激振器轴承外圈出现了单点局部损伤(图 5-16)，从而验证了先前的推断。试验结束。

图 5-16　激振器轴承外圈单点局部损伤

5.3 基于激振器故障轴承的算法比较

5.3.1 三种诊断方法的比较

此次试验所用的振动筛偏心块旋转会对传动轴产生高频交变离心冲击载荷，所以对于振动筛来说自身的冲击和振动都较大，工作环境噪声也较大。一旦出现故障，各种振动就会混合叠加在一起，从而相互干扰，使得对其进行诊断就变得较复杂。本书所提的三种方法都是按先“提纯”再解调的步骤处理的。由以上分析可知，三种方法中 SOSO_IFNLM - SHFWEO 方法的故障特征提取能力最强，HTFIF - *k* - SDAEO 方法次之，IFNLM - SHOAEO 方法较弱。下面对其原因进行分析。

第一种方法(IFNLM - SHOAEO)的“提纯”步骤采用的是 IFNLM，IFNLM 是在 FNLM 基础上改进的，而 FNLM 本身是用来去除高斯噪声的，之前已经验证了其优越的降噪效果，但对振动干扰的去除能力不太理想，但所提能量算子 SHO - AEO 融合了高阶差分序列，在解调的同时可以增大故障特征频率的幅值，提高信号干扰比(SIR)，弥补 IFNLM 的不足。因此，IFNLM - SHOAEO 法对复杂背景下轴承快速故障诊断提取具有一定的参考价值。适用于背景噪声严重，振动冲击干扰分量较少的场合。

第二种方法(HTFIF - *k* - SDAEO)中“提纯”采用的是快速模态分解方法 HTFIF。HTFIF 可以实现振动干扰的有效分离，在噪声和干扰共存的情况下依然保持良好的滤波性能，因此在激振器轴承故障信号“提纯”步骤中要优于 IFNLM。在解调步骤中提出的 *k* - SDAEO 是以信噪比提高(SNRI)为准则对对称差分解析能量算子(SDAEO)进行改进的，在解调的同时可以进一步提高信噪比(SNR)。但 *k* - SDAEO 对信号干扰比(SIR)的提高能力微乎其微，所以与 HTFIF 结合取得了良好的故障特征提取能力。适合用在振动干扰分量较多的复杂机械的轴承故障诊断中。

第三种方法(SOSO_IFNLM - SHFWEO)中 SOSO_IFNLM 增强滤波可以有效去除大量背景噪声，同时不会削弱故障特征信息。由于频率加权能量算子(FW - EO)受信号能量影响较大，为了弥补降噪预处理后信号能量降低导致提取结果的幅值减小，将其与高阶序列结合，在解调步骤中提出频率加权能量算子的对称高阶版本 SHFWEO。该算子具有较强的抗干扰性能，与增强滤波方法相结合可以获得良好的“提纯”效果。最终，SOSO_IFNLM - SHFWEO 方法得到了最优异的故障特征提取能力。适合背景噪声严重、振动冲击干扰较多的复杂工况下早期故障诊断。

在快速性方面，由于能量算子的执行速度非常快，满足在线要求。因此，决定这些方法快速性能的关键是预处理方法即“提纯”步骤的执行速度。第一种方法(IFNLM - SHOAEO)中提纯采用的 IFNLM 算法是在 FNLM 的基础上，通过对相似度衡量指标、核函数的改进以及基于距离对称性仅对两个相似块的权值计算一次等方案进行加速的。改进后 IFNLM 算法的执行时间仅为 0.05s 左右，相较于改进前的 FNLM 算法执行速度提高了 75%。第二种方法(HTFIF - *k* - SDAEO)中提纯采用的 HTFIF 算法基于 FFT 和下采样技术，将迭代的内循环即各 IMF 的计算转化为一步的算法，同时通过阈值的设定进一步降低算法的复杂度使其接近在线算法。HTFIF 的执行时间仅为 0.013s，可作为在线的算法。第三种方法(SOSO_IFNLM - SHFWEO)与前面两种方法相比，它的步骤最为烦琐，显然也是最费时的，但其运行时间也不到 0.3s，具有满意的执行效率。

为了量化以上三种方法的故障特征提取能力，此处采用式(2 - 58)表示的谱能量占比作为评价指标，对上述三种方法的提取结果进行比较。各方法处理结果的谱能量占比的计算结果如表 5 - 6 所示。

为了量化以上三种方法的执行效率，以 MATLAB2017b 为操作软件，在 Windows10，64 位操作系统下，在配置为英特尔酷睿 i5 - 8265U CPU 和 8.0GB RAM 的计算机上比较了三种方法的运行时间，结果如表 5 - 6 所示。

表 5 - 6　三种方法的谱能量占比和执行时间

算法	IFNLM - SHOAEO	HTFIF - *k* - SDAEO	SOSO_IFNLM - SHFWEO
谱能量占比/%	0.06	2.4	19.6
时间/s	0.0702	0.0513	0.2986

显然，SOSO_IFNLM - SHFWEO 方法的谱能量占比最高，为 19.6%，可以准确、有效地对故障做出判断；IFNLM - SHOAEO 方法次之，也可以为振动筛轴承故障诊断提供依据；IFNLM - SHOAEO 的谱能量占比最低仅为 0.06%，不能对故障做出精确判断。

SOSO_IFNLM - SHFWEO 的计算时间最长，但也仅为 0.2986s，IFNLM - SHOAEO 和 HTFIF - *k* - SDAEO 所用时间更少，分别为 0.0702s 和 0.0513s，三种方法几乎是瞬间完成的。

SOSO_IFNLM - SHFWEO 在降噪方面性能最优，在抗振动干扰方面性能优于 IFNLM - SHOAEO 方法，略逊于 HTFIF - k - SDAEO 方法。接下来，本节在此振动筛试验台上进一步比较 IFNLM - SHOAEO 和 HTFIF - k - SDAEO 方法在降噪方面的性能。

将故障轴承重新安装回振动筛，使其继续工作。故障振动筛继续工作半小时后，对 4#通道采集的原始信号进行分析，该信号的时域波形和频谱如图 5 - 17 所示。从频谱图中可以观测到轴承转频(16.7Hz)以及外圈故障特征频率的 5 倍频(520Hz)、8 倍频(832Hz)和 9 倍频(936Hz)的谱线。

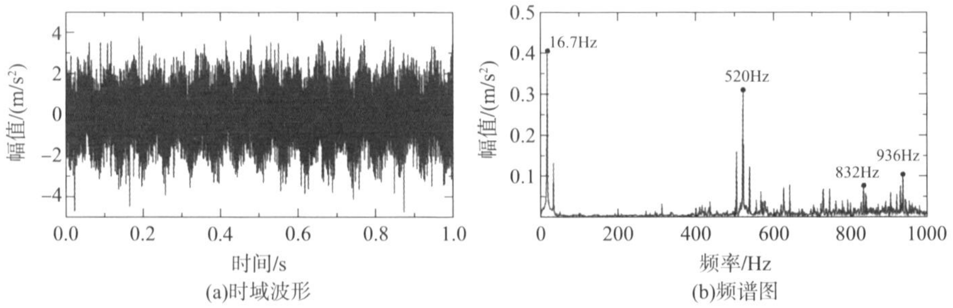

图 5 - 17　原始信号

在原始信号中添加信噪比为 - 10dB 的高斯噪声，加噪后的信号及其频谱如图 5 - 18 所示。

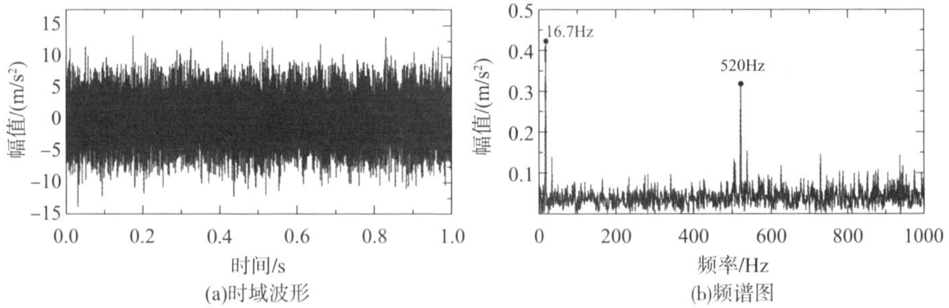

图 5 - 18　加噪后的信号

直接采用本书所提三种能量算子对加噪后的信号进行解调处理，结果如图 5 - 19 所示。可见，三者的能量谱均由噪声占主导，无法观测出故障相关信息。

采用 IFNLM - SHOAEO 方法对加噪后信号进行处理，得到降噪后信号及其 SHOAEO 谱如图 5 - 20 所示。由图 5 - 20 可见，IFNLM - SHOAEO 方法可以识别出激振器轴承的外圈故障特征频率(104.5Hz)及其 2 ~ 4 倍频(208.3Hz、312.6Hz、416.7Hz)。

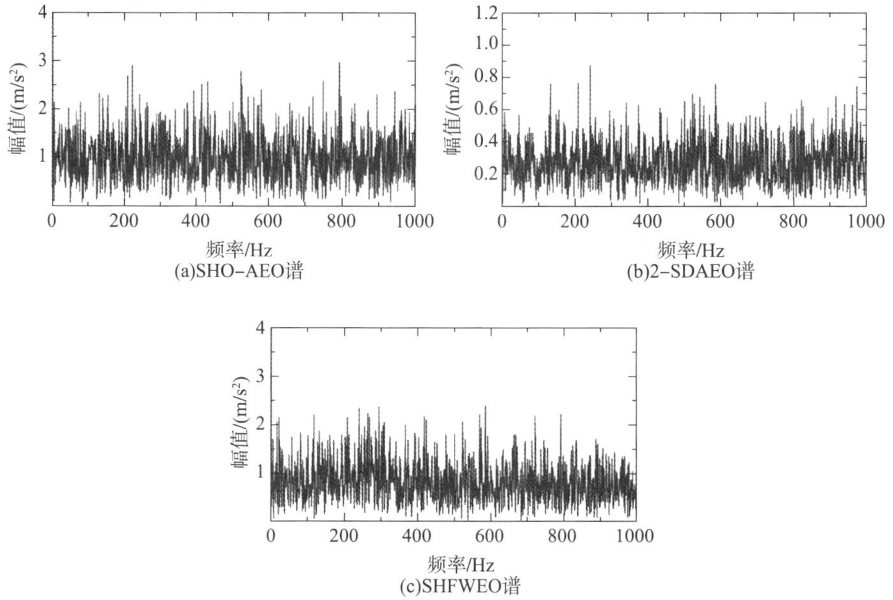

图5-19 加噪后信号的能量谱

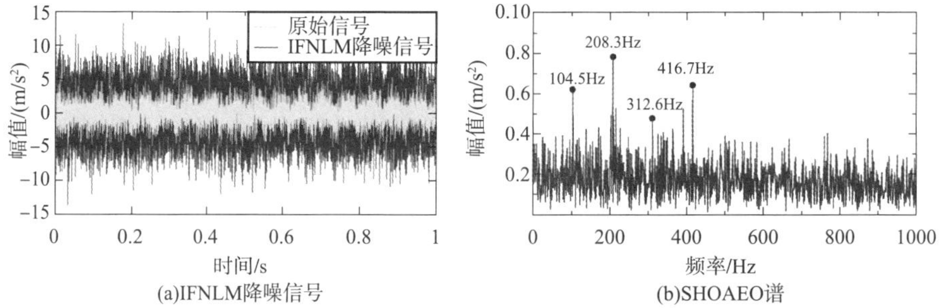

图5-20 IFNLM-SHOAEO处理结果

同样，采用 HTFIF-k-SDAEO 方法对加噪信号进行处理，HTFIF 将原始信号分解为10个 IMF，前4个有意义的 IMF 如图5-21所示。计算每个 IMF 的 L-KCA 指标值，结果如图5-21所示。选取 L-KCA 值最大的 IMF1 为敏感 IMF。根据最大 SNRI，对 IMF1 进行3-SDAEO 解调，结果如图5-22所示。

可见，虽然从敏感 IMF 的3-SDAEO 谱中可以识别出轴承故障特征频率的2倍频（207.8Hz）和5倍频（525.7Hz），但总体来说谱图由噪声占主导，轴承故障特征频率本身无法识别，诊断效果逊于 IFNLM-SHOAEO 方法[图5-20（b）]。可见，HTFIF-k-SDAEO 方法对噪声的抑制能力不及 IFNLM-SHOAEO 方法。

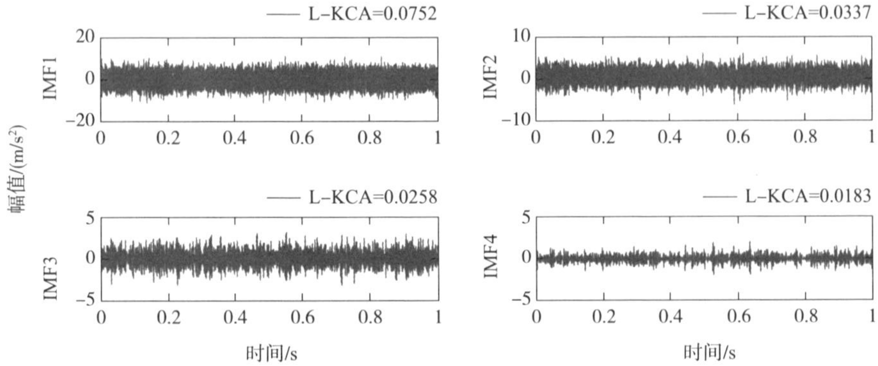

图 5-21 HTFIF 分解的前 4 个 IMF

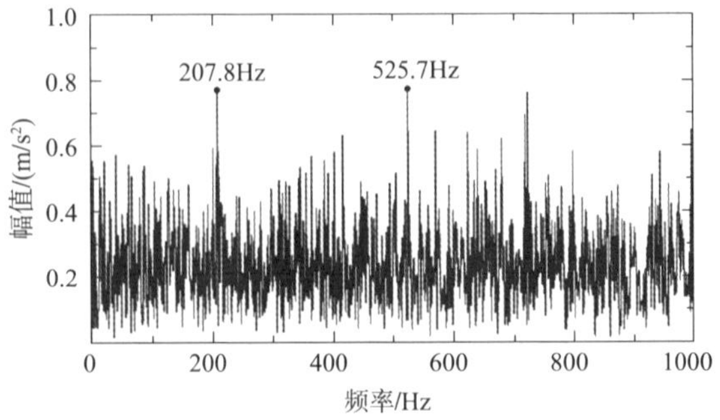

图 5-22 IMF1 的 3-SDAEO 谱

综上，SOSO_IFNLM-SHFWEO 方法的故障特征提取能力最强，虽会牺牲一定的快速性能，但也不失为一种高效的算法，适用于环境噪声严重、振动干扰较多的复杂工况下早微故障检测；HTFIF-k-SDAEO 方法虽然对早期微弱故障的提取能力逊于 SOSO_IFNLM-SHFWEO，但依然能为强噪声、多干扰的复杂工况下的轴承故障诊断提供依据，且该方法的执行时间最快；IFNLM-SHOAEO 方法执行速度和 HTFIF-k-SDAEO 在一个数量级，可满足在线要求，在强背景噪声下能实现对轴承故障特征的快速、有效提取。IFNLM-SHOAEO 方法的故障特征提取能力优于 HTFIF-k-SDAEO 方法，但对复杂机械、振动干扰较多的情况提取能力不如 SOSO_IFNLM-SHFWEO 和 HTFIF-k-SDAEO 方法，适用于强背景噪声环境的简单机械故障诊断。三种方法的比较结果如表 5-7 所示。

表 5-7 三种方法的比较

性能	比较结果
降噪能力	SOSO_IFNLM-SHFWEO > IFNLM-SHOAEO > HTFIF-k-SDAEO
抗谐波干扰能力	HTFIF-k-SDAEO > SOSO_IFNLM-SHFWEO > IFNLM-SHOAEO
快速性能	HTFIF-k-SDAEO > IFNLM-SHOAEO > SOSO_IFNLM-SHFWEO

5.3.2 三种能量算子的比较

“提纯”和解调步骤所用方法还可以针对不同的应用场合进行优化匹配组合。例如：本书提出的 IFNLM 算法专门针对大背景噪声，可以与去干扰能力较强的解调方法结合；HTFIF 方法去振动冲击干扰能力更强，可以搭配噪声抑制能力较强的能量算子。

对于解调，本书提出了三种技术融合的能量算子 SHO－AEO、k－SDAEO 和 SHFWEO。为了评价这三种能量算子在提高信号信噪比(SNR)和信号干扰比(SIR)性能方面的差异性，本节基于理论分析和此振动筛滚动轴承故障诊断试验台对它们进行比较。

1. 抗噪声能力比较

此处，通过比较输入和输出信号之间的信噪比差异来评估噪声鲁棒性。在测试中，输入信号的信噪比范围为－10～－1dB。然后对 10 个噪声信号分别进行 SHO－AEO、k－SDAEO、SHFWEO 和 TKEO 处理，得到输入输出信号的信噪比，如图 5－23 所示。显然，这四种能量算子都能提高信号的信噪比。本书所提三种增强型能量算子的抗噪性能均优于 TKEO，其中 k－SDAEO 输出结果的 SNR 最高，即三者中 k－SDAEO 抗噪性能最优。

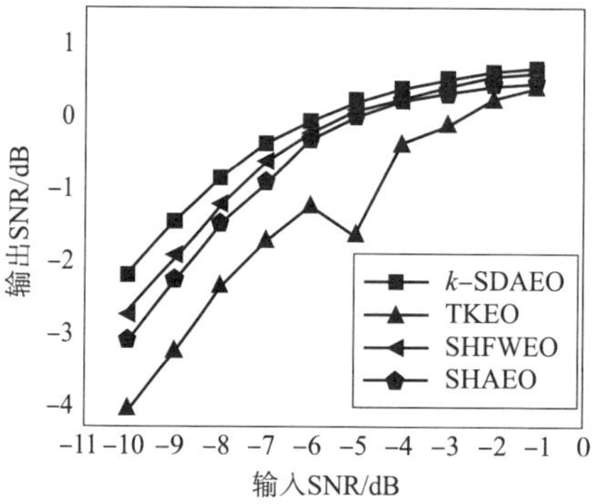

图 5－23 输入和输出信号的信噪比

2. 抗干扰性能的比较

采用式 5.10 所示的滚动轴承故障模型对 SHAEO、k－SDAEO 和 SHFWEO 三种能量算子的抗干扰性能进行评价。

$$s(t) = x(t) + I(t) = \sum_{m=1}^{M} A\mathrm{e}^{-\beta t}\cos(\omega_r t + \varphi) + \sum_{l=1}^{L} B_l \cos\omega_l t \quad (5-13)$$

式中，$x(t) = \sum_{m=1}^{M} A\mathrm{e}^{-\beta t}\cos(\omega_r t + \varphi)$ 为轴承故障模拟信号；A 为振幅；β 为阻尼系数；ω_r 为共振频率；$I(t) = \sum_{l=1}^{L} B_l\cos\omega_l t$ 为谐波干扰信号，B_l 和 ω_l 为第 l 个谐波干扰的振幅和频率。

$s(t)$的解析形式为：

$$s(t)=\left[\sum_{m=1}^{M}Ae^{-\beta t}\cos(\omega_r t+\varphi)+\sum_{l=1}^{L}B_l\cos\omega_l t\right]+$$
$$i\left[\sum_{m=1}^{M}Ae^{-\beta t}\sin(\omega_r t+\varphi)+\sum_{l=1}^{L}B_l\sin\omega_l t\right]\tag{5-14}$$

将式(5－14)的实部和虚部代入式(2－48)有：

$$\Theta_3[s^{(3)}(t)]=\frac{1}{32}\left[\sum_{m=1}^{M}(A^2\omega_r^{\ 2}-3A^2\beta^2\omega_r)\mathrm{e}^{-2\beta t}+c(t)\mathrm{e}^{-\beta t}+\sum_{l=1}^{L}B_l^{\ 2}\omega_l^{\ 3}\right]\tag{5-15}$$

其中：

$$c(t)=\sum_{l=1}^{L}[AB_l\omega_l^{\ 3}+B_l(3A\omega_r\beta^2-A^2\omega_r^{\ 2})]\cos(\omega_r t-\omega_l t+\varphi)-\sum_{l=1}^{L}(AB_l\beta^3-3A\beta\omega_r^{\ 2})\sin(\omega_r t-\omega_l t-\varphi)$$

可见，三阶 SHAEO 包含三部分：轴承故障信号解调部分 $\sum_{m=1}^{M}(A^2\omega_r^{\ 2}-3A^2\beta^2\omega_r)\mathrm{e}^{-2\beta t}$，高频部分 $c(t)\mathrm{e}^{-\beta t}$ 以及谐波干扰 $\sum_{l=1}^{L}B_l^{\ 2}\omega_l^{\ 3}$。则三阶 SHAEO 解调后轴承故障信号干扰比可以表示为：

$$SIR\{\Theta_3[s(t)]\}=\frac{\dfrac{1}{T_p}\displaystyle\int_0^{T_p}[(A^2\omega_r^{\ 2}-3A^2\beta^2\omega_r)^2e^{-4\beta t}]dt}{\dfrac{1}{T_l}\displaystyle\int_0^{T}\left(\sum_{l=1}^{L}B_l^{\ 2}\omega_l^{\ 3}\right)^2dt}\approx\frac{A^4\omega_r^{\ 6}}{4T_p\beta\sum_{l=1}^{L}B_l^4\omega_l^{\ 6}}\tag{5-16}$$

将式(5－14)的实部和虚部代入(3－38)有：

$$\Phi[s(t)]=\sum_{m=1}^{M}A^2\omega_r e^{-2\beta t}+c(t)e^{-\beta t}+\sum_{l=1}^{L}B_l^{\ 2}\omega_l\tag{5-17}$$

$$\lambda(t)=\sum_{l=1}^{L}AB_l\omega_r\omega_l\cos(\omega_r t-\omega_l t+\varphi)+\sum_{l=1}^{L}AB_l\beta\omega_l\sin(\omega_r t-\omega_l t+\varphi)\tag{5-18}$$

$$SIR\{\Phi[s(t)]\}=\frac{\dfrac{1}{T_p}\displaystyle\int_0^{T_p}(A^2\omega_r\mathrm{e}^{-2\beta t})^2\mathrm{d}t}{\dfrac{1}{T_l}\displaystyle\int_0^{T}\left(\sum_{l=1}^{L}B_l^2\omega_l\right)^2\mathrm{d}t}\approx\frac{A^4\omega_r^{\ 2}}{4\beta T_p\sum_{l=1}^{L}B_l^4\omega_l^2}\tag{5-19}$$

将式(5－14)代入式(4－36)有：

$$\Gamma_3(t) = [s^{(3)}(t)]^2 + H[s^{(3)}(t)]^2 = A^2 e^{-2\beta t}(\beta^2 + \omega_r^{\ 2})^3 + \lambda(t) e^{-\beta} + \sum_{l=1}^{L} B_l^2 \omega_l^6 \tag{5-20}$$

其中：

$$\lambda(t) = \sum_{l=1}^{L} 2AB_l\omega_l^3\omega_r^{\ 3}\sin(\omega_r t + \varphi)\sin(\omega_l t) - \sum_{l=1}^{L} 6AB_l\beta^2\omega_l^3\omega_r\cos(\omega_r t - \omega_l t + \varphi) - \sum_{l=1}^{L} 6AB_l\omega_l^3\beta\omega_r^{\ 2}\sin(\omega_l t - \omega_r t - \varphi) \tag{5-21}$$

可见，三阶 SHFWEO 也包含三部分：轴承故障信号解调部分 $A^2 e^{-2\beta t}(\beta^2 + \omega_r^{\ 2})^3$，高频部分 $\lambda(t) e^{-\beta}$以及谐波干扰 $\sum_{l=1}^{L} B_l^2\omega_l^6$。则三阶 SHAEO 解调后轴承故障信号干扰比可以表示为：

$$SIR\{\Gamma_3[x(t)]\} = \frac{\frac{1}{T_p}\int_0^{T_p}[A^2 e^{-2\beta t}(\beta^2 + \omega_r^{\ 2})^3]^2 dt}{\frac{1}{T_l}\int_0^{T}\left(\sum_{l=1}^{L} B_l^2\omega_l^6\right)^2 dt} \approx \frac{A^4(\beta^2 + \omega_r^{\ 2})^6}{4\beta T_p \sum_{l=1}^{L} B_l^4\omega_l^{12}} \tag{5-22}$$

为便于分析，假定所有谐波干扰的幅值相等，即：$B_1 = B_2 = \cdots = B_M = B$。一般情况下，齿轮啮合或轴不对中等振源产生的振动干扰的 n 次谐波为干扰频率的 n 倍，即：$\omega_2 = 2\omega_1$，$\omega_3 = 3\omega_1$，…，$\omega_l = l\omega_1$。由于结构阻尼和共振频率远高于谐波干扰频率，所以有：

$$\xi = \frac{SIR\{\Gamma_3[s(t)]\}}{SIR[\Theta_3(s(t))]} = \frac{[(\beta^2 + \omega_r^{\ 2})/\omega_r)]^6}{\sum_{l=1}^{L} B_l^4\omega_l^{12} / \sum_{l=1}^{L} B_l^4\omega_l^{\ 6}} = \frac{[(\beta^2 + \omega_r^{\ 2})/\omega_r)]^6}{\sum_{l=1}^{L}\omega_l^{12} / \sum_{l=1}^{L}\omega_l^{\ 6}} > 1 \tag{5-23}$$

$$\xi = \frac{SIR\{\Theta_3[s(t)]\}}{SIR\{\Phi_3[s(t)]\}} = \frac{\omega_r^{\ 4}}{\sum_{l=1}^{L} B_l^4\omega_l^6 / \sum_{l=1}^{L} B_l^4\omega_l^{\ 2}} = \frac{\omega_r^{\ 4}}{\sum_{l=1}^{L}\omega_l^6 / \sum_{l=1}^{L}\omega_l^{\ 2}} > 1 \tag{5-24}$$

即：$SIR\{\Phi_3[s(t)]\} < SIR\{\Theta_3[s(t)]\} < SIR\{\Gamma_3[s(t)]\}$。因此，可以得出 SHFWEO 的抗干扰性能最好，SHAEO 次之，MSDAEO 的抗干扰性能最弱。

最后，将频率为 67Hz、115Hz、133Hz 的谐波干扰信号加入如式(5－13)所示的轴承故障振动信号中。故障轴承信号与谐波干扰后的复合信号如图 5－

24 所示。

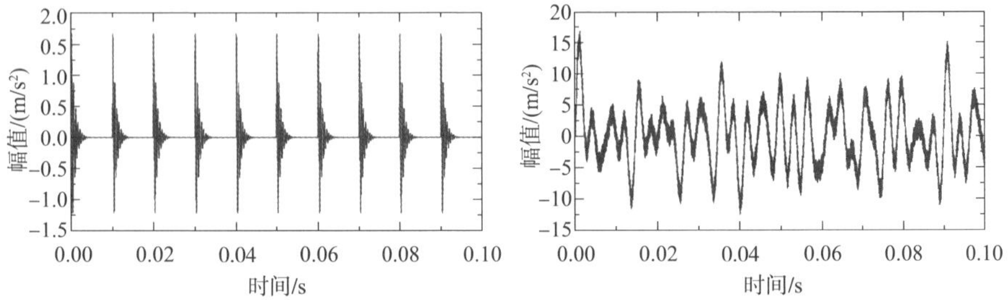

(a)轴承故障信号　(b)带谐波干扰的复合信号

图 5－24　轴承故障信号和带谐波干扰的复合信号

分别采用 TKEO、SHO－AEO、k－SDAEO 和 SHFWEO 四种能量算子对复合故障信号进行处理，结果如图 5－25 所示。可以看出，SHFWEO 对干扰频率分量的抑制效果最好，其次是 SHO－AEO，k－SDAEO 的抗干扰性能最弱。计算结果与理论分析一致。

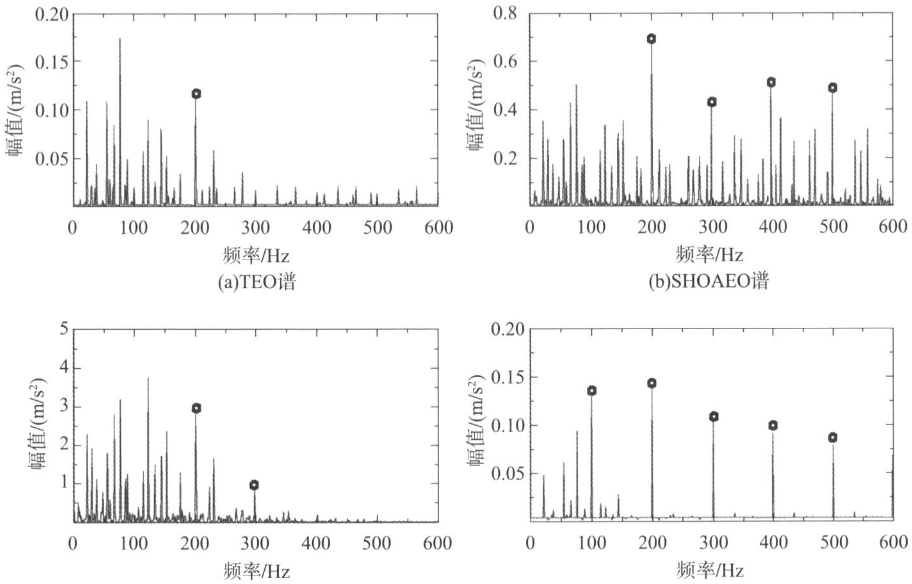

(a)TEO谱　(b)SHOAEO谱　(c)k–SDAEO谱　(d)SHFWEO谱

图 5－25　复合信号的能量谱

3. 基于振动筛轴承故障实验结果对比

由于振动筛激振器中的偏心块可以自由拆换以实现不同振动等级，因此，在本次研究中准备了大小两种偏心块（图 5－26），分别对应大、小两种振动等级。

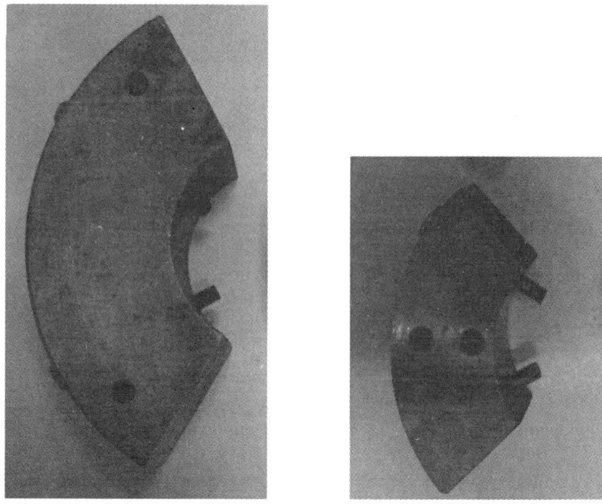

(a)大偏心块　　(b)小偏心块

图 5-26　两种振动等级的偏心块

在激振器上安装小偏心块，使其在小振动等级下继续工作。1 个小时后，对 4#号通道采集的振动信号进行分析。将采集的原始信号的时域波形和频谱绘于图 5-27 中。从频谱图中可以观测到激振器轴承转频(16.7Hz)以及轴承外圈故障特征频率的 5 倍频(520.7Hz)和 9 倍频(935.8Hz)的谱线。

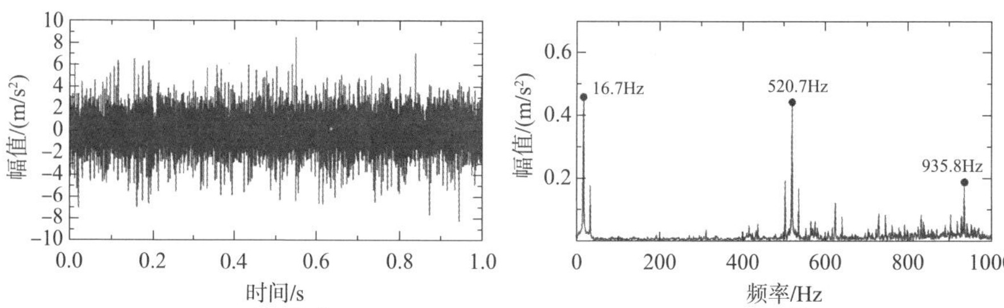

(a)时域波形　　(b)频谱图

图 5-27　小振动等级信号

从原始信号的频谱中就可识别出激振器轴承外圈故障的相关信息(5 倍频和 9 倍频)，另外，此时筛机异常噪声已经加剧，判断激振器滚动轴承故障损伤应当已经进一步扩大，故障特征识别难度降低。直接采用 SHO-AEO、k-SDAEO 和 SHFWEO 三种能量算子对此信号进行处理，其中 k-SDAEO 根据最大 SNRI 准则，不同 k 值的 SNRI 如表 5-7 所示，选取 $k=2$。三种能量算子的处理结果如图 5-28 所示。由图 5-28 可以看出，在小振动等级时，三种能量算子的解调结果类似，都可以清晰地识别出外圈故障特征频率及其连续的 2~5 次谐波。不同的是由于 SHO - AEO 和 SHFWEO 中融合了高阶差分序列，谱图的幅值较高，尤其 SHO - AEO 的幅值在三者中最高。

表 5 -8　k - SDAEO 在不同 k 值的 SNRI　　dB

k	1(SDAEO)	2	3	4	5
SNRI	-1.3214	-1.1453	-1.7453	-2.0984	-2.3673

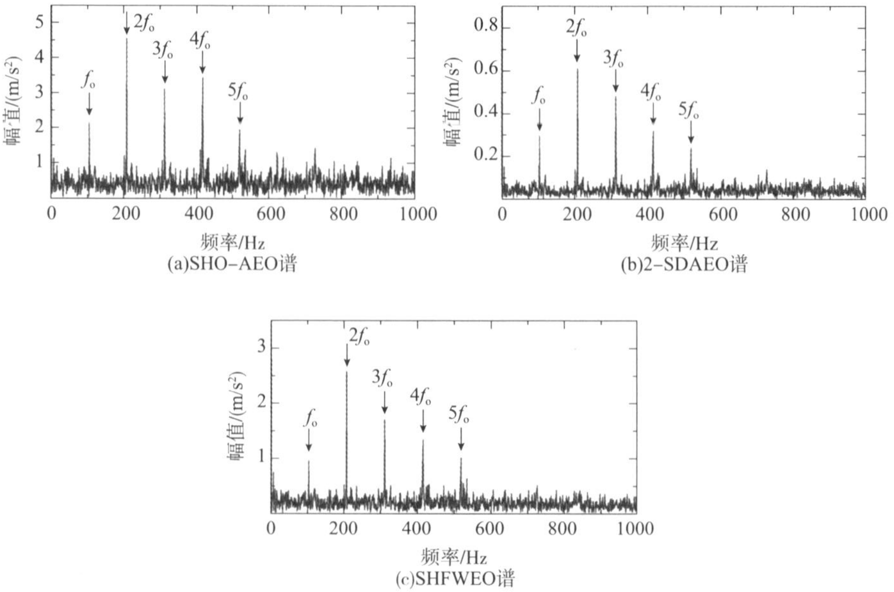

图 5 -28　小振动等级信号的能量谱

为了比较三种能量算子在不同信噪比时的解调能力，现对采集到的小振动等级信号添加信噪比为 -8dB 的高斯噪声，加噪后的信号及其频谱如图 5 -29 所示。由图 5 -29 可见，加噪后信号时域波形中故障冲击特征进一步被掩盖；频谱图中噪声增强。

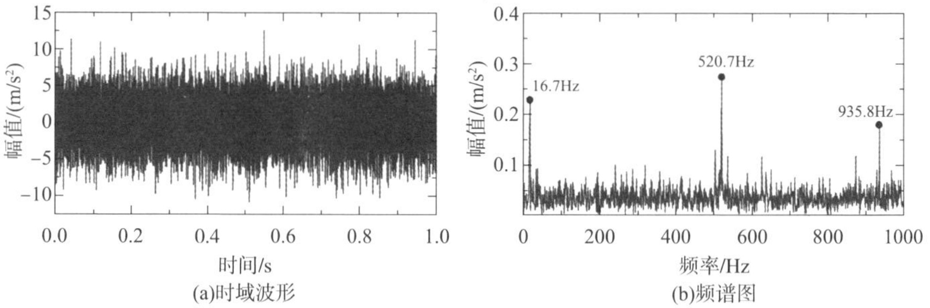

图 5 -29　小振动等级加噪后的信号

采用 SHO－AEO、k－SDAEO 和 SHFWEO 三种能量算子对小振动等级的信号进行处理，其中 k－SDAEO 中 k 的值根据最大 SNRI 准则选为 2。三种能量算子的处理结果如图 5－30 所示。

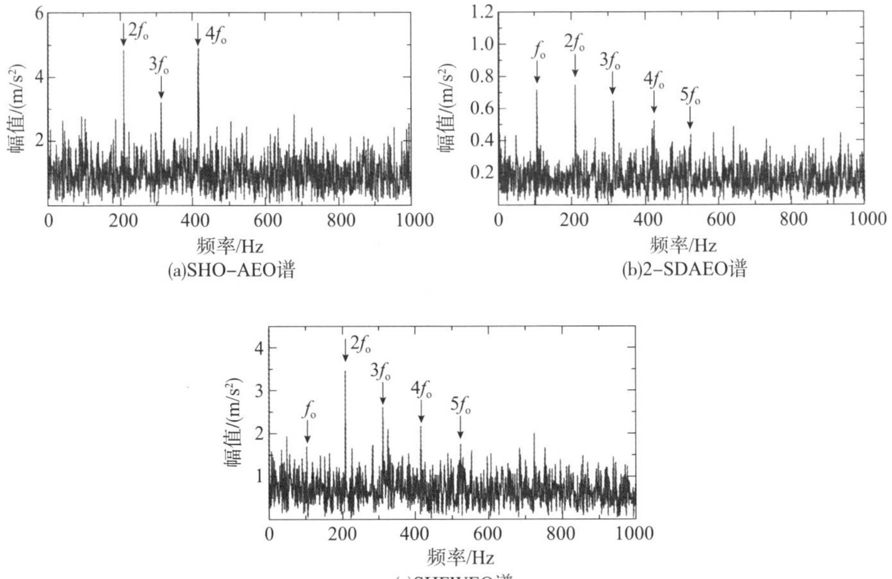

(a)SHO－AEO谱

(b)2－SDAEO谱

(c)SHFWEO谱

图 5－30　加噪后信号的能量谱

由图 5－30 可以看出，与图 5－28 相比，加噪后信号的 SHO－AEO 谱中的背景噪声淹没了其外圈故障特征频率及其 5 倍频；SHFWEO 谱中外圈故障特征频率及其 5 倍频受噪声干扰不易识别；2－SDAEO 谱相较于未加噪之前信噪比有所降低，但依然可以识别外圈故障特征频率及其连续到第 5 次谐波，在三者中处理效果最佳。

由于不同振动等级即不同离心力负载产生的振动干扰和边频能量不同，所以，接着我们研究不同振动等级下三种能量算子差异性。对激振器进行拆解，将四个小偏心块取下，换上大偏心块，使振动筛在大振动等级下工作。利用距故障轴承最近的 4#号通道采集振动信号并对此信号进行分析，其时域波形和频谱如图 5－31 所示。由图 5－31 可以看出，时域波形与 5－27(a)相比，正弦波形更加突出，这是因为随着振动筛振动等级的增大，传动轴由于偏心块存在而产生的不平衡现象越来越明显。从其频谱图中可以观测到轴承转频(16.7Hz)和外圈故障特征频率的 5 倍频(520.7Hz)。

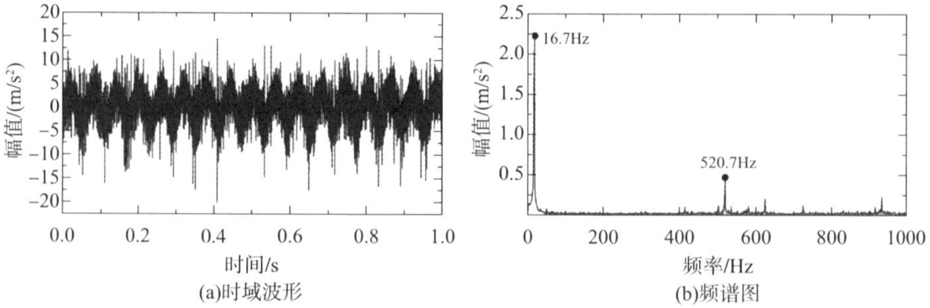

图 5 – 31　大振动等级信号

采用 SHO – AEO、k – SDAEO 和 SHFWEO 三种能量算子对大振动等级的信号进行处理，其中 k – SDAEO 中 k 的值根据最大 SNRI 准则选择为 3。三种能量算子的处理结果如图 5 – 32 所示。

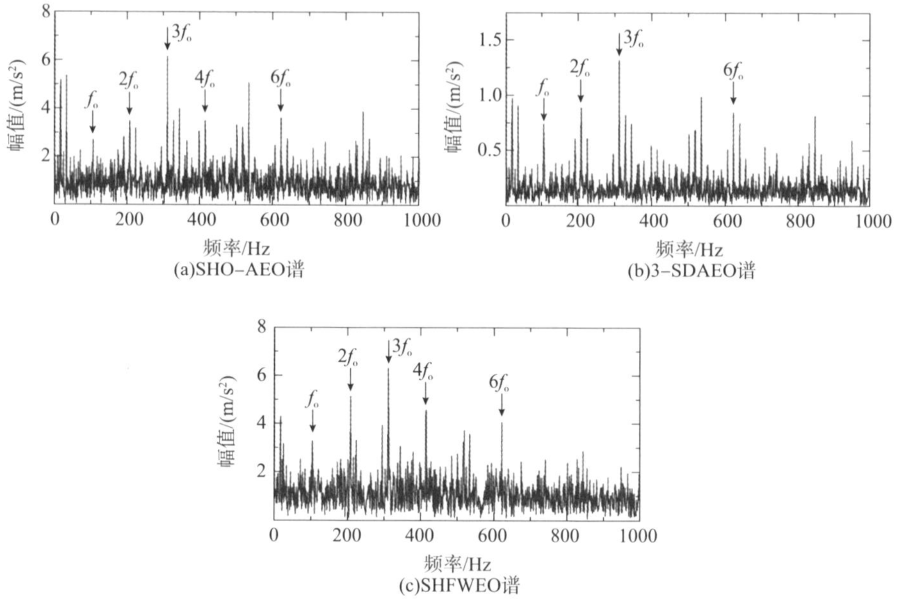

图 5 – 32　大振动等级信号的能量谱

由图 5 – 32 可以看出，随着振动等级的增大，故障特征频率提取的难度有所增加，与小振动等级的结果相比，谱图中的噪声和干扰都有所增加，边频更为突出。其中 SHOAEO 能量谱中噪声增强，边频严重，这是由于 SHOAEO 中融合的高阶差分序列在增加故障特征频率幅值的同时也增加了边频的幅值。3 – SDAEO 能量谱中噪声最小但边频和干扰严重，这验证了 k – SDAEO 能量算子可以提高 SNR 但对 SIR 的提高能力有限。SHFWEO 干扰谱线最少，边频在三者中最轻微，验证了它优异的抗干扰能力。同时，可以看出当振动筛振动量级增大时，SHF-WEO 谱的故障特征频率幅值增大幅度最高，这是因为 SHFWEO 的前身频率加权能量算子(FWEO)是基于能量概念发展起来的，因此对信号的能量比较敏感，信号能量越大，SHFWEO 的提取能力越强。

综上，三种能量算子中 k – SDAEO 对信号信噪比(SNR)提高的能力最强，但对信号干扰比(SIR)的提高作用微乎其微，适合搭配去干扰能力较强的前处理器，这也是第 3 章选择将它与 HTFIF 结合的原因；SHFWEO 对信号干扰比(SIR)提高的能力最强，但对信号能量敏感，信号本身能量的削弱会降低其提取的故障特征频率谱线的幅值，这也是我们第 4 章大背景噪声大干扰共存下微弱故障特征提取时，选择将其与 SOSO 增强降噪结合的原因；SHO – AEO 解调过程中可以增大信号的幅值，所以我们在第 2 章中将其与削弱信号能量的降噪方法相结合，同时在解调的同时还可以提高信号的 SNR 和 SIR，因此 IFNLM_SHOAEO 算法在保持优异降噪能力的同时，也具有一定的去干扰能力。在实际应用中，“提纯”和解调步骤的方法，可以根据具体情况进行合理调整、匹配，为滚动轴承故障诊断提供多种可行性。

5.4 本章小结

前面的章节中提出了三种滚动轴承故障特征快速提取方法，并采用旋转机械轴承故障数据验证了其有效性和优越性。振动机械滚动轴承的工作环境决定了其故障的高频发生，同时振动机械的工作噪声和振动干扰往往比旋转机械更强，故障所产生的特征信号更容易被淹没，对故障诊断技术要求更高。本章以 SDM00 型振动筛试验平台为依托，探索所提故障特征快速提取方法在振动机械故障诊断中的应用。主要工作如下。

(1)运用所提的三种滚动轴承故障特征快速提取方法，尝试对 SDM00 型振动筛工作中出现的噪声异常，激振器温度过高的问题进行诊断。首先，为了实现振动信号的有效采集，在四个激振器轴承座上各加工一个小平台，安装加速度传感器，并采用多通道信号采集仪对四路振动信号进行采集，发现第 4#路信号的幅值明显高于其他三路信号。其次，采用本书前面所提的 IFNLM – SHOAEO、HT-FIF – k – SDAEO 和 HTFIF – SOSO_IFNLM – SHFWEO 三种故障特征快速提取方法分别对第 4#路信号进行分析。结果第一种方法仅识别出激振器轴承外圈故障特征频率的 2 倍频，并没有识别出其他故障信息，无法判断故障的存在。第二种和第三种方法均可诊断出激振器轴承发生了外圈故障，但第二种方法只识别出了外圈故障特征频率及其2倍频。第三种方法清晰地识别出了外圈故障特征频率及其连续高次谐波($f_o \sim 8f_o$)，诊断效果明显优于第二种方法。对振动筛拆解后发现，激振器靠近4#通道的轴承发生了外圈损伤。

(2)以此振动筛为依托对所提方法进行比较和评价。首先，从上面的试验及半小时后的加噪实验可以发现：三种故障特征提取方法中SOSO_IFNLM-SHFWEO的提取能力最强，虽然相较于其他两种方法在快速性上做出了点牺牲，但其执行时间也仅为0.3s左右，依然具有良好的快速性能；HTFIF-k-SDAEO具有良好的故障特征提取能力，尤其是抗干扰能力，快速性能在三者中最佳；IFNLM-SHOAEO运行速度快，虽然抗干扰能力不及HTFIF-k-SDAEO方法，但降噪能力优。其次，在故障损伤扩大后，通过小振动等级，小振动等级加噪和大振动等级三种工况下的能量算子比较实验发现：k-SDAEO对信号信噪比(SNR)提高的能力最强，但对信号干扰比(SIR)的提高作用微乎其微；SHFWEO对信号干扰比(SIR)提高的能力最强，但对信号能量敏感，信号本身能量的削弱会降低提取的故障特征频率谱线的幅值；SHO-AEO解调过程中可以增大信号的幅值，同时还可以再次提高信号的SNR和SIR。在实际应用中，“提纯”和解调步骤的方法，可以根据具体情况合理调整，优化匹配，为滚动轴承故障在线诊断提供多种可行性。

6 基于振动筛的复合故障诊断实例

本书在 2 ~4 章中提出了几种滚动轴承单点故障的诊断方法，并验证了其性能优越性。在第 5 章中基于振动筛激振器轴承故障试验台对前述方法进行了全面的对比分析，并给出了各种方法的适用场景。但机械系统运行时，时常发生如转子不对中、转子不平衡或轴承内外圈同时有损伤等多种复合故障，采用上述单点故障方法很难得出正确的诊断结果。因此，寻求一种行之有效的复合故障诊断方法具有重要意义。

6.1 SOSO_IFNLM – HTFIF – SHFWEO 复合故障诊断方法

由于工作环境的影响，往往存在多个噪声源与复合故障之间的耦合情况。弱的故障信号往往会被强的故障信号所掩盖，容易导致误判或漏判。为了解决这个问题，许多学者已经进行了深入的研究。Meng 等提出了用于滚动轴承复合故障诊断的周期性加权峰度(PWK) – 稀疏降噪(SD)方法。Guo 等采用小波散射变换(WST)和改进的软阈值降噪算法提取轴承复合故障。Hu 等提出了一种改进的可调 Q 因子小波变换(TQWT)解决轴承复合故障诊断问题。Deng 等提出了一种基于优化最大相关峰度反褶积(MCKD)和稀疏表示的复合故障诊断方法。Hong 等将自定义平衡多小波与自适应 MCKD 相结合用于旋转机械复合故障诊断。Li 等提出了一种用于轴承复合故障诊断的参数优化变分模态分解(VMD)方法。然而，复合故障的弱故障分量往往受到强故障分量和噪声分量的影响，无法通过稀疏分解方法提取。小波变换和 VMD 等降噪方法会削弱有用的故障特征，并且耗时较长。此外，MCKD 的参数选择多由经验决定，缺乏相应的标准。

第 4 章所提的 SOSO 增强技术可大大降低调谐参数的影响，从可用数据中恢复真实的目标结果，解决了上述方法的不足；快速非局部均值(Non – Local Mean，NLM)滤波可以充分利用滚动轴承故障信号的结构相似性(周期性)，与大多数传统算法相比具有更好的降噪性能；构建的 SOSO_IFNLM 特征增强结构，可以在对振动筛轴承振动信号进行降噪的同时突出弱故障冲击特征。为了有效地从降噪信号中分离出不同的故障分量，这里可以结合具有较高分解精度和噪声鲁棒性的硬阈值快速迭代滤波（HTFIF）。最后，对 HTFIF 分解的敏感 IMF 分量进行解调，第 2 章所提的 k 值改进的对称差分解析能量算子（k - SDAEO）具有优越的抗噪声性能，第 4 章所提的对称高阶频率加权能量算子（SHFWEO）可以在对故障信号解调的同时降低振动干扰对诊断结果的影响，为此将两种优秀的算法融合提出一种新型能量算子 k 值改进的对称高阶频率加权能量算子（k - SHFWEO）。

为此，本章提出了一种基于 SOSO_ IFNLM、HTFIF 和 k - SHFWEO 的复合故障诊断方法。首先，采用 SOSO_IFNLM 增强降噪方法对复合故障信号进行降噪，增强故障特征；其次，采用 HTFIF 技术将降噪后的信号分解成一系列单分量 IMF，并计算各 IMF 的 L - KCA 指标，选取 L - KCA 值较高的分量进行分析。最后，采用 k - SHFWEO 对含不同故障特征的分离信号进行解调和识别。SOSO_ IFNLM - HTFIF - k - SHFWEO 轴承复合故障诊断方法的总体流程图如图 6 - 1 所示。

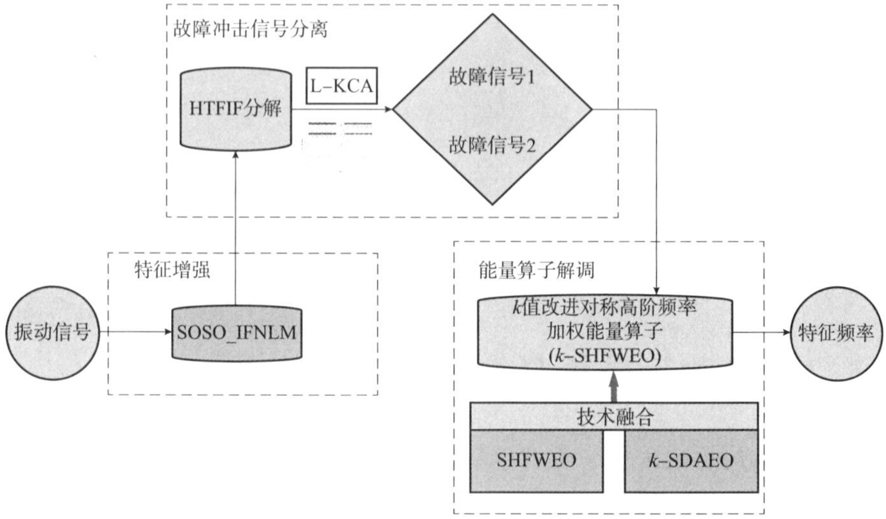

图 6 - 1　SOSO_IFNLM - HTFIF - k - SHFWEO 复合故障诊断方法流程图

6.2　k - SHFWEO 的理论推导

对于连续信号 $x(t)$，其频率加权能量算子定义为：

$$\Gamma[x(t)] = |\dot{x}(t) + jH[\dot{x}(t)]|^2 = \dot{x}^2(t) + H[\dot{x}(t)]^2 \tag{6-1}$$

式中，$\dot{x}(t)$是$x(t)$的一阶导数，$H[\dot{x}(t)]$表示$\dot{x}(t)$的希尔伯特变换。

对于离散信号$x[n]=x(nT)$，其 Teager 能量算子定义为：

$$\Psi[x(n)]=x^2(n)-x(n+1)x(n-1) \tag{6-2}$$

k-SDAEO 中基于三个间隔为k的采样点可以减少误差机会、提高降噪效果的优点，对具有平滑滤波功能的对称差分序列$\dot{x}(n)=\dfrac{x(n+1)-x(n-1)}{2}$进行改进，即$k$值改进的对称差分序列为：

$$\dot{x}(n)=\frac{x(n+k)-x(n-k)}{2} \tag{6-3}$$

根据递推公式，k值改进的对称高阶差分序列可表示为：

$$x^{(m)}(n)=\frac{x^{(m-1)}(n+k)-x^{(m-1)}(n-k)}{2^m} \tag{6-4}$$

式中，m是高阶能量算子的阶数；$x^{(m)}(n)$是$x(n)$的m阶导数。

将式(6-4)代入式(6-1)，得到k值改进的对称高阶频率加权能量算子(k-SHFWEO)为：

$$\Gamma_m[x(n)]=[x^{(m)}(n)]^2+H[x^{(m)}(n)]^2=\left[\frac{x^{(m-1)}(n+k)-x^{(m-1)}(n-k)}{2^m}\right]^2+H\left[\frac{x^{(m-1)}(n+k)-x^{(m-1)}(n-k)}{2^m}\right]^2 \tag{6-5}$$

式中，k是由第 2 章式(3-39)表示的最大信噪比改进(SNRI)确定的最优分辨率参数。

6.3 振动筛轴承复合故障诊断实验

在图 5-9 所示的 SDM00 型双轴双电机振动筛上进行了振动筛轴承内外圈的复合故障诊断实验。实验设定在大振动等级下，即激振器安装如图 5-26(a)所示的大偏心块。采样频率为 20kHz，采样点数为 20000。采集到的振动信号及其频谱如图 6-2 所示。由图 6-2 可以看出，原始故障信号波形为正弦曲线，在频谱图中只能观察到不平衡现象引起的振动频率，而没有出现轴承的复合故障频率。

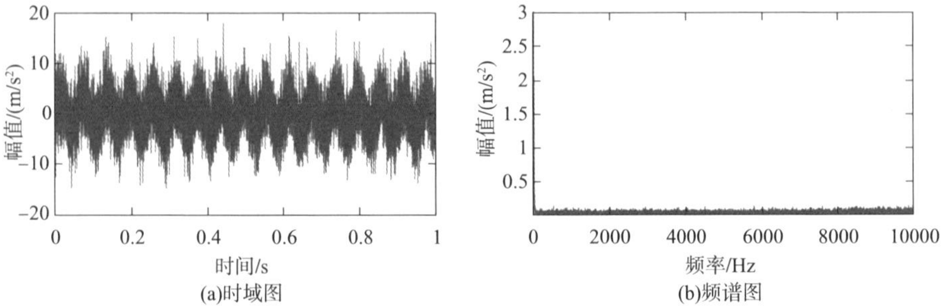

图6－2　采集到的振动信号

采用SOSO_IFNLM－HTFIF－k－SHFWEO方法对采集到的故障信号进行处理。首先，利用SOSO_IFNLM对原始信号进行降噪，结果如图6－3所示。其次，对降噪后的信号进行HTFIF分解，结果如图6－4所示。同时，计算每个IMF分量的L－KCA值，结果如图6－5所示。最后，对L－KCA值较高的前四个IMF进行k－SHFWEO解调，结果如图6－6所示。从图6－6(a)中，可以清晰地识别外圈故障特征频率f_o及其多个频率分量($2f_o$，$3f_o$，…，$9f_o$)。从图6－6(a)、(b)和(c)中可以有效地识别出内圈故障特征频率f_i及其倍频。因此，SOSO_IFNLM－HTFIF－k－SHFWEO方法对于轴承复合故障诊断是有效的。

将本章提出的SOSO_IFNLM－HTFIF－k－SHFWEO方法与参数优化的变分模态分解(PO－VMD)方法和改进的最大相关峰度反卷积(IMCKD)方法进行比较。对于“PO－VMD＋包络”方法，基于包络信号峰度指标(EK)，将VMD的模数优化为5，惩罚因子优化为300，分解结果如图6－7(a)所示，计算各IMF的EK值，选择EK值最大的前两个IMF(IMF5和IMF3)作为敏感IMF分量。分别对IMF5和IMF3进行包络分析，结果如图6－7(b)所示。由图6－7可以看出，该方法只能识别出外圈故障特征频率的二次谐波($2f_o$)和三次谐波($3f_o$)，以及内圈故障特征频率f_i。对于文献[198]中的“IMCKD＋TEO”方法，采用改进的粒子群优化算法自适应选择MCKD的参数，迭代收敛曲线如图6－8所示。内圈故障提取的移位长度设置为2，滤波长度设置为110。外圈故障提取的移位长度设置为1，滤波长度设置为96。改进后的MCKD得到的反褶积信号及其TEO谱如图6－9所示。由图6－9可见，该方法虽然可以提取出内外圈故障特征频率及其部分谐波分量，但其TEO谱存在严重的噪声干扰，且提取出的谐波分量不连续。两种方法对振动筛轴承复合故障的诊断结果远不如所提SOSO_IFNLM－HTFIF－k－SHFWEO方法(图6－6)的。

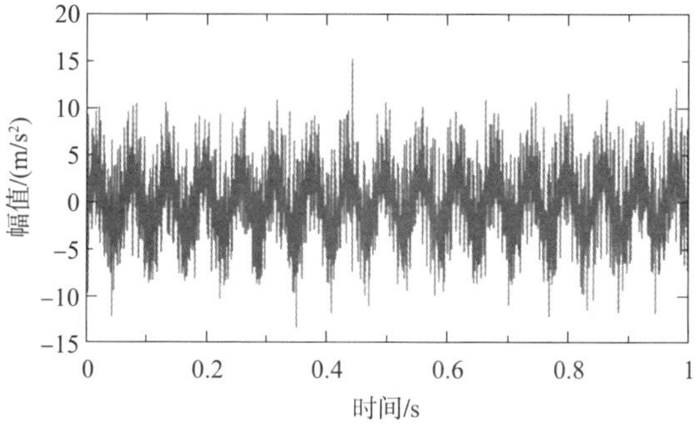

图 6-3　SOSO_IFNLM 降噪信号

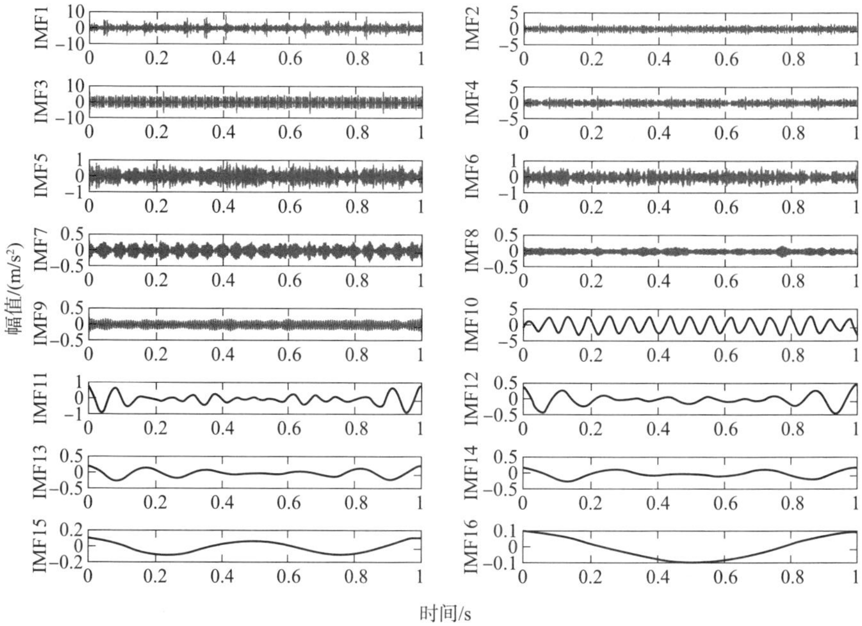

图 6-4　HTFIF 对增强降噪信号分解的 IMFs

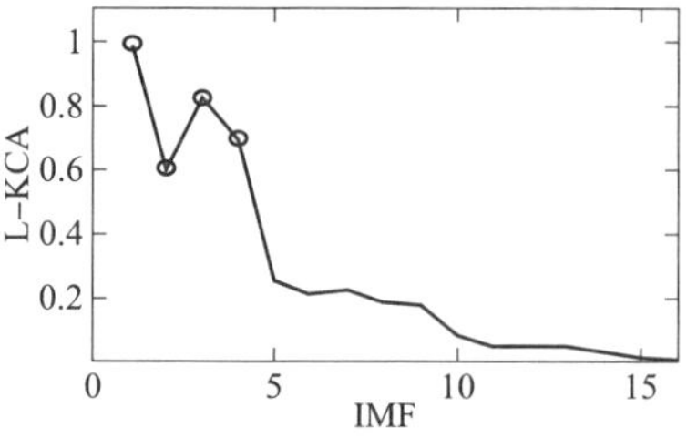

图 6-5　HTFIF 分解的各 IMF 的 L-KCA 值

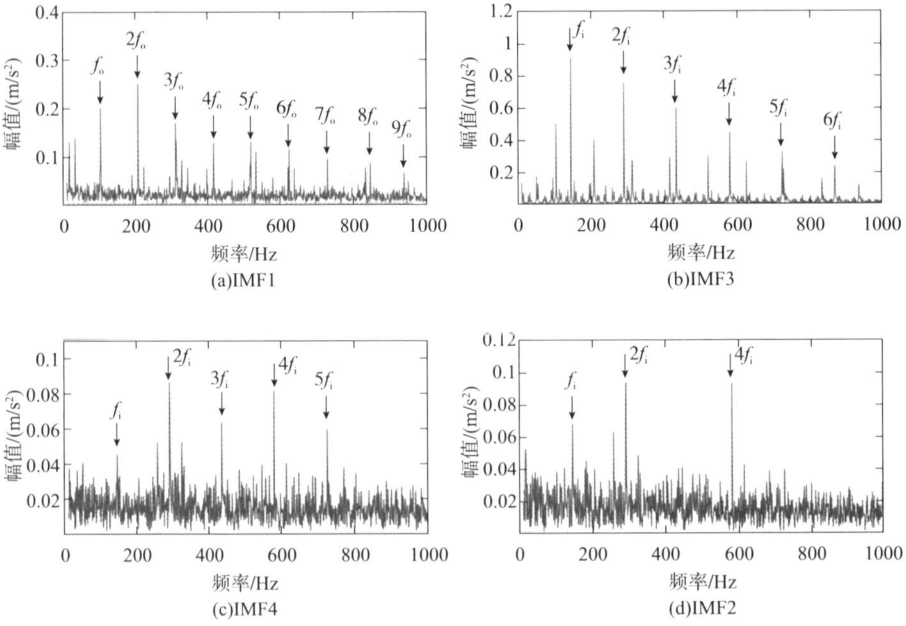

图 6－6　L－KCA 值较高的前 4 个 IMF 的 k－SHFWEO 谱

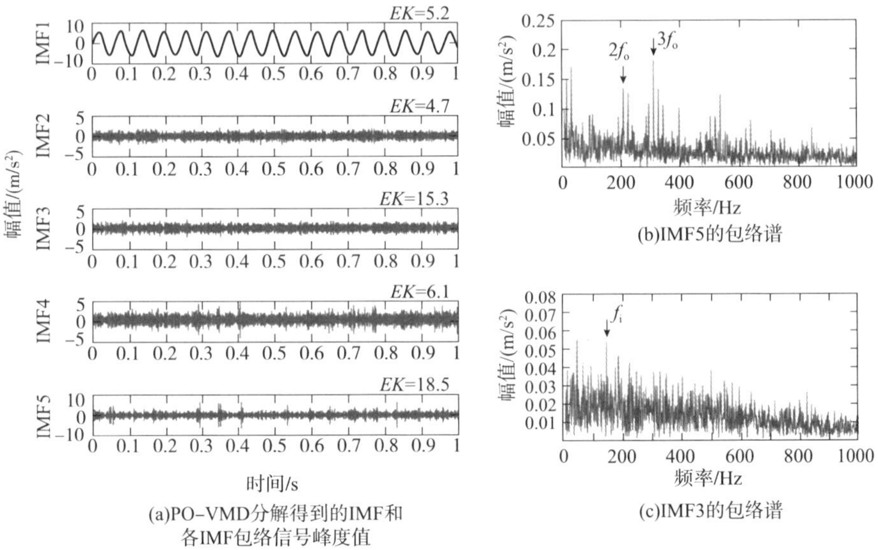

图 6－7　PO－VMD 分解得到的 IMF 和各 IMF 包络信号峰度值及 IMF5 和 IMF3 的包络谱

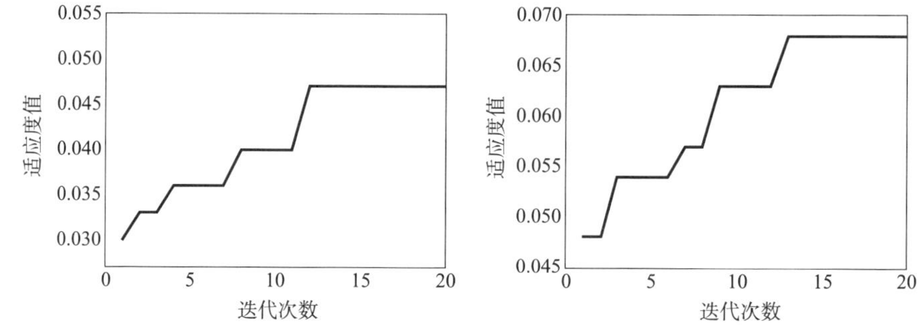

(a)外圈故障 (b)内圈故障

图6－8　外圈故障和内圈故障的迭代收敛曲线

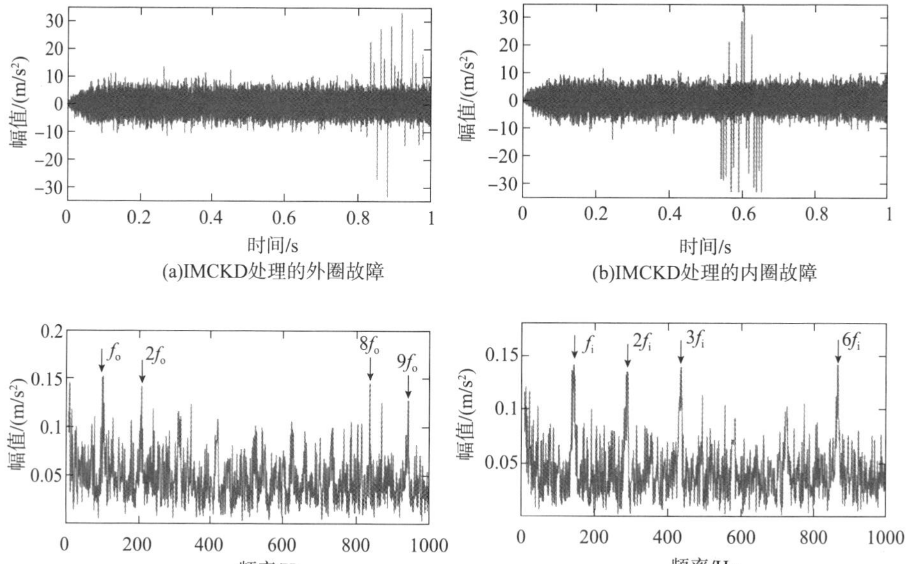

(a)IMCKD处理的外圈故障 (b)IMCKD处理的内圈故障

(c)外圈故障的TEO谱 (d)内圈故障的TEO谱

图6－9　IMCKD 处理的外圈与内圈故障信号及外圈故障与内圈故障的 TEO 谱

最后，对这三种方法的执行效率进行比较。在测试中使用了一台配置为 Intel（R）Core（TM）i5－8265U 的笔记本电脑。运行时间如表 6－1 所示。SOSO_IFNLM－HTFIF－k－SHFWEO 方法的运行时间仅为 0.13s，远小于“PO－VMD＋包络谱”（89.21s）和“IMCKD＋TEO”（298.88s）方法的运行时间。

表6－1　三种复合故障特征提取方法的运行时间　　s

方法	SOSO_IFNLM－HTFIF－k－SHFWEO	PO－VMD＋包络谱	IMCKD＋TEO
时间	0.13	89.21	298.88

6.4 本章小结

机械系统运行时，时常发生如转子不对中，转子不平衡或轴承内外圈同时有损伤等多种复合故障。由于工作环境的影响，往往存在多个噪声源与复合故障之间的耦合情况。弱的故障信号往往会被强的故障信号所掩盖，容易导致误判或漏判。现有的复合故障诊断方法不可避免地面临参数选择缺乏相应的标准、凭经验选择影响诊断结果的问题。本章提出了一种基于 SOSO_IFNLM、HTFIF 和 k-SHFWEO 的复合故障特征提取方法。该方法中，SOSO_IFNLM 是一种增强降噪技术，可以降低调优参数的影响准确去除噪声并突出故障脉冲信息。HTFIF 具有较高的分解精度和执行效率，可以将降噪信号分解为一系列单成分 IMF。k-SHFWEO 可以在对故障信号解调的同时降低振动干扰对诊断结果的影响。通过振动筛轴承的复合故障实验验证了该方法的有效性，并通过与“IMCKD + TEO”和“PO - VMD + 包络”方法的比较验证了该方法的优越性。

7 滚动轴承故障诊断方法发展探讨

7.1 成果总结

本书针对滚动轴承故障振动信号往往是调制信号，同时受到各种噪声和多重振源干扰影响，难以快速提取的问题，在满足在线实时监测与诊断的前提下，研究了不同运行环境下、不同故障类型的滚动轴承故障特征的快速提取方法。主要成果与结论如下。

(1)在强背景噪声环境下，提出了一种基于改进快速非局部均值滤波(IFN-LM)和对称高阶差分解析能量算子(SHO－AEO)的滚动轴承故障特征快速提取方法。首先，从优化相似度衡量标准、构建理想核函数以及提高算法快速性等方面，对FNLM进行改进，提出了一种快速非局部均值滤波(IFNLM)算法对原始信号进行降噪预处理。通过对比发现，改进后IFNLM算法的降噪效果、噪声鲁棒性以及快速性能都得到了提高，并优于中值滤波、小波阈值滤波等常用滤波算法，其中IFNLM算法的运行速度相较于改进前的FNLM算法的提高了75%。其次，通过融合对称差分、高阶差分以及解析能量序列思想，提出了对称高阶差分解析能量算子(SHO－AEO)对降噪后的信号进行解调，并从其能量谱中识别出故障特征信息。最后，利用仿真信号和实验数据，根据谱图观测和谱能量占比指标以及执行时间与其他同类方法相对比，验证了所提IFNLM－SHOAEO方法在故障特征提取能力和实时性方面的优越性。

(2)针对强噪声和多振源干扰并存的复杂背景下轴承故障特征提取问题，引入了一种新颖的快速模态分解方法HTFIF，通过带噪声的间歇性复合信号，验证了该方法具有较高的分解精度和执行效率，其分解时间大概在0.01s的数量级，几乎是瞬时完成的；为选择HTFIF分解的敏感IMF，开发了基于L－峭度、相关系数和ACFHNR的L－KCA指标，并证明了其具有较高的分辨率和奇异值鲁棒性；提出了一种k值改进的对称差分解析能量算子(k－SDAEO)对敏感IMF进行解调，并从其能量谱中识别出故障特征，其中，分辨率参数k根据最大信噪比提高($SNRI$)选择。通过与不同 k 值的 k – SDAEO 和传统能量算子进行比较验证了 k – SDAEO 的优越性。最后，利用数值模拟和实验数据，通过与基于 VMD、TVFEMD、CEEMD 分解的方法进行定性和定量的比较，发现 HTFIF – k – SDAEO 的故障特征提取能力优于其他方法的，且其执行时间不到 0.05s，为轴承故障实时监测和在线诊断提供了一种有效方案。

(3)提出了一种复杂背景下早期微弱故障特征快速提取方法——SOSO_IFNLM – SHFWEO。首先，根据 L – KCA 指标对 HTFIF 分解的 IMF 进行加权重构；其次，构建了一种 SOSO_IFNLM 递归增强滤波结构对重构信号进行降噪，在去除大量噪声的同时保持了原始振动信号的平滑性，增强了故障冲击特征；再次，将对称高阶思想与频率加权能量算子相结合提出了一种对称高阶频率加权能量算子(SHFWEO)对降噪后的信号进行解调，并验证了其在解调的同时还可以提高信号的 SIR；最后，通过全寿命周期加速实验验证了该方法对复杂工况下早期微弱故障的提取的有效性，同时，该方法的执行时间只有 0.3s 左右，具有良好的快速性，可用于轴承故障实时在线检测和诊断。

(4)采用前文所提三种单点故障诊断方法对 SDM00 型振动筛运行中出现的噪声异常，激振器温度过高的现象进行诊断。IFNLM – SHOAEO 方法诊断失败，HTFIF – k – SDAEO 和 SOSO_IFNLM – SHFWEO 方法都成功诊断出激振器轴承外圈出现了故障。以此振动筛为依托对以上三种方法及所提三种能量算子进行了比较，结果发现：降噪能力 SOSO_IFNLM – SHFWEO > IFNLM – SHOAEO > HTFIF – k – SDAEO；抗谐波干扰能力 HTFIF – k – SDAEO > SOSO_IFNLM – SHFWEO > IFNLM – SHOAEO；快速性能 HTFIF – k – SDAEO > IFNLM – SHOAEO > SOSO_IFNLM – SHFWEO。三种能量算子中 SHFWEO 在提高 SIR 方面能力最强；k – SDAEO 在提高 SNR 方面能力最强。最后指出，在实际应用中，“提纯”和解调步骤的方法可以根据具体情况合理调整，优化匹配，为滚动轴承故障快速诊断提供多种可行性。

(5)针对机械系统复合故障发生时，多个噪声源与复合故障之间耦合，弱故障信号往往会被强故障信号所掩盖，容易导致误判或漏判的现象，提出了一种基于 SOSO_IFNLM、HTFIF 和 k – SHFWEO 的复合故障特征提取方法。该方法中，SOSO_IFNLM 是一种增强降噪技术，可以降低调优参数的影响准确去除噪声并突出故障脉冲信息。HTFIF 具有较高的分解精度和执行效率，可以将降噪信号分解为一系列单成分 IMF。k – SHFWEO 可以在对故障信号解调的同时降低振动干扰对诊断结果的影响。通过振动筛轴承的复合故障实验验证了该方法的有效性，并通过与“IMCKD + TEO”和“PO - VMD + 包络”方法的比较验证了该方法的优越性。

7.2 发展探讨

本书针对滚动轴承故障特征提取涉及的复杂背景下故障振动信号的“提纯”和解调问题进行研究，提出了具有针对性的解决方案，但依然存在一些尚待完善和解决的问题。根据本书内容及笔者浅见，认为未来需在以下方面开展进一步研究。

(1)快速参数优化以提高算法性能。书中算法的一些参数是根据经验反复调试得到的最佳选择，目前常用的参数优化方法如遗传算法、粒子群、蚁群优化算法普遍较耗时，快速的参数优化算法是后续研究的主要工作。

(2)变工况故障特征提取。滚动轴承在实际运行中工况多变，本书所提方法的诊断准确性可能会受到轴承转速波动的影响。滚动轴承变工况故障诊断是需要重点研究的问题。

(3)信号处理与数据模型联合诊断方法。本书采用方法是基于信号处理的，需要大量先验知识。基于数据模型的智能算法是目前研究的热点，但需要遍历全部故障类型的历史数据，基于信号处理的故障诊断方法与基于数据驱动的智能故障诊断方法结合是轴承故障诊断发展的潮流和趋势。

参考文献

[1]王晓龙．基于振动信号处理的滚动轴承故障诊断方法研究[D]．北京：华北电力大学，2017.

[2]段杰．滚动轴承微弱冲击信号的检测与特征提取方法研究[D]．武汉：华中科技大学，2019.

[3]权振亚．面向健康状态监测的滚动轴承弱故障信号增强识别与诊断研究[D]．太原：太原科技大学，2023.

[4]K Kaplan，Y Kaya，M Kuncan，et al. An improved feature extraction method using texture analysis with LBP for bearing fault diagnosis[J]. Applied Soft Computing，2020，87：106019.

[5]王玉静．滚动轴承振动信号特征提取与状态评估方法研究[D]．哈尔滨：哈尔滨工业大学，2015.

[6]M Kuncan，K Kaplan，M Naz，et al. A novel feature extraction method for bearing fault classification with one dimensional ternary patterns[J]. ISA Transactions，2019，100：346－357.

[7]K Przystupa，O Kochan. Fast bearing fault diagnosis of rolling rlement using lévy moth－flame optimization algorithm and naive bayes[J]. Eksploatacja i Niezawodnosc－Maintenance and Reliability，2020，22(4)：730－740.

[8]L Wang，Y Shao. Fault feature extraction of rotating machinery using a reweighted complete ensemble empirical mode decomposition with adaptive noise and demodulation analysis[J]. Mechanical Systems and Signal Processing，2020，138：106545. 1－106545. 20.

[9]朱可恒．滚动轴承振动信号特征提取及诊断方法研究[D]．大连：大连理工大学，2013.

[10]H Zhou，H Li，T Liu，et al. A weak fault feature extraction of rolling element bearing based on attenuated cosine dictionaries and sparse feature sign search[J]. ISA Transactions，2020，97(1)：43－54.

[11]S Zeng，G Lu，P Yan. Vibration feature extraction using local temporal self－similarity for rolling bearing fault diagnosis. 2019 IEEE International Conference on Prognostics and Health Management(ICPHM)[C]. San Francisco：CA，USA，2019：1－5.

[12]马本栋，张建宇，孟浩，等．基于改进阈值策略的多小波循环平移降噪方法[J]．机械设计与制造，2015，6：209－213.

[13]邓飞跃．滚动轴承故障特征提取与诊断方法研究[D]．北京：华北电力大学，2016.

[14]李永波．滚动轴承故障特征提取与早期诊断方法研究[D]．哈尔滨：哈尔滨工业大

学，2017.

[15]郝腾飞．航空发动机滚动轴承故障的核方法智能识别技术研究[D]．南京：南京航空航天大学，2014.

[16]万书亭，张雄，豆龙江．强噪源干扰下的滚动轴承复合故障分离方法研究[J]．中南大学学报：自然科学版，2018，49(8)：10.

[17]P D Mcfadden，J D Smith. Model for the vibration produced by a single point defect in a rolling element bearing[J]. Journal of Sound and Vibration，1984，96(1)：69－82.

[18]Z Feng，H Ma，M Zuo. Vibration signal models for fault diagnosis of planet bearings[J]. Journal of Sound and Vibration，2016，370：372－393.

[19]F Cong，J Chen，G Dong，et al. Vibration model of rolling element bearings in a rotor－bearing system for fault diagnosis[J]. Journal of Sound and Vibration，2013，332(8)：2081－2097.

[20]Y Gui，Q Han，F Chu. A vibration model for fault diagnosis of planetary gearboxes with localized planet bearing defects[J]. Journal of Mechanical Science and Technology，2016，30(9)：4109－4119.

[21]A Choudhury，N Tandon. A theoretical model to predict vibration response of rolling bearings to distributed defects under radial load[J]. Journal of Vibration and Acoustics，1998，120(1)：214－220.

[22]李杨．小波去噪方法的研究[J]．科技视界，2017(25)：56，72.

[23]S Sachan，S Shukla，S K Singh. Two level de－noising algorithm for early detection of bearing fault using wavelet transform and zero frequency filter[J]. Tribology International，2019，143：106088.

[24]王普，李天垚，高学金，等．分层自适应小波阈值轴承故障信号降噪方法[J]．振动工程学报，2019，32(3)：548－556.

[25]H Cui，Y Qiao，Y Yin，et al. An investigation on early bearing fault diagnosis based on wavelet transform and sparse component analysis[J]. Structural Health Monitoring，2016，16(1)：39－49.

[26]丁锋，秦峰伟．小波降噪及 Hilbert 变换在电机轴承故障诊断中的应用[J]．电机与控制学报，2017，21(6)：89－95.

[27]D Paliwal，A Choudhury，T Govardhan. Detection of bearing defects from noisy vibration signals using a coupled method of wavelet analysis followed by FFT analysis[J]. Journal of Vibration Engineering and Technologies，2017，5(1)：21－34.

[28]史丽丽．基于稀疏分解的信号去噪方法研究[D]．哈尔滨：哈尔滨工业大学，2013.

[29]S Deng，J Han. Efficient general sparse denoising with non－convex sparse constraint and total

variation regularization[J]. Digital Signal Processing, 2018, 78: 259 - 264.

[30] Y Sun, J Yu. Fault detection of rolling bearing using sparse representation - based adjacent signal difference[J]. IEEE Transactions on Instrumentation and Measurement, 2020, 70: 1 - 16.

[31] F Deng, Y Qiang, S Yang, et al. Sparse representation of parametric dictionary based on fault impact matching for wheelset bearing fault diagnosis[J]. ISA Transactions, 2020, 110: 368 - 378.

[32] F Hou, I Selesnick, J Chen, et al. Fault diagnosis for rolling bearings under unknown time - varying speed conditions with sparse representation[J]. Journal of Sound and Vibration, 2021, 494: 115854.

[33] Q He, X Ding. Sparse representation based on local time - frequency template matching for bearing transient fault feature extraction[J]. Journal of Sound and Vibration, 2016, 370: 424 - 443.

[34] Z Tong, W Li, F Jiang, et al. Bearing fault diagnosis based on spectrum image sparse representation of vibration signal[J]. Advances in Mechanical Engineering, 2018, 10(9): 1 - 12.

[35] N E Huang, Z Shen, S R Long, et al. The empirical mode decomposition and the hilbert spectrum for nonlinear and non - stationary time series analysis[J]. Proceedings Mathematical Physical and Engineering Sciences, 1998, 454(1971): 903 - 995.

[36] K Zhu, L Chen, X Hu. Rolling element bearing fault diagnosis by combining adaptive local iterative filtering, modified fuzzy entropy and support vector machine[J]. Entropy, 2018, 20(12): 926.

[37] A Cicone. Iterative filtering as a direct method for the decomposition of nonstationary signals[J]. Numerical Algorithms, 2020, 85(3): 811 - 827.

[38] H Li, L Zhi, M Wei. A time varying filter approach for empirical mode decomposition[J]. Signal Processing, 2017, 138: 146 - 158.

[39] 王涛，胡定玉，丁亚琦，等. 基于经验模式分解和排列熵的轴承故障特征提取[J]. 噪声与振动控制，2021，41(01)：77 - 81.

[40] 李红贤，韩延，吴敬涛，等. 基于 ICA 包络增强 MEMD 的滚动轴承故障诊断[J]. 航空动力学报，2021，36(02)：405 - 412.

[41] K P Shankar, K L Annamalai, L S Kumar. Selecting effective intrinsic mode functions of empirical mode decomposition and variational mode decomposition using dynamic time warping algorithm for rolling element bearing fault diagnosis[J]. Transactions of the Institute of Measurement and Control, 2019, 41(7): 1923 - 1932.

[42] Y Amirat, M E H Benbouzid, T Wang, et al. EEMD - based notch filter for induction machine bearing faults detection[J]. Applied Acoustics, 2018, 133: 202 - 209.

[43] L Lin, Y Wang, H Zhou. Iterative filtering as an alternative algorithm for empirical mode decomposition[J]. Advances in Adaptive Data Analysis, 2009, 1(4): 543 -560.

[44] K Dragomiretskiy, D Zosso. Variational mode decomposition[J]. IEEE Transactions on Signal Processing, 2014, 62(3): 531 -544.

[45] X Zhang, Z Liu, Q Miao, et al. An optimized time varying filtering based empirical mode decomposition method with grey wolf optimizer for machinery fault diagnosis[J]. Journal of Sound and Vibration, 2018, 418: 55 -78.

[46] B Xu, F Zhou, H Li, et al. Early fault feature extraction of bearings based on teager rnergy operator and optimal VMD[J]. ISA Transactions, 2019, 86: 249 -265.

[47] R Deering, J F Kaiser. The use of a masking signal to improve empirical mode decomposition. IEEE International Conference on Acoustics[C]. New York: IEEE, 2005: 8564446.

[48] P Ray, R K Lenka, M Biswal. Frequency mode identification using modified masking signal - based empirical mode decomposition [J]. Generation, Transmission and Distribution, IET, 2019, 13(8): 1266 -1276.

[49] Y H Wang, K Hu, L Men - Tzung. Uniform phase empirical mode decomposition: an optimal hybridization of masking signal and ensemble approaches [J]. IEEE Access, 2018, 6: 34819 -34833.

[50] D Zhen, J Guo, Y Xu, et al. A novel fault detection method for rolling bearings based on non - stationary vibration signature analysis[J]. Sensors, 2019, 19(18): 3994.

[51] Z Wu, N E Huang. Ensemble empirical mode decomposition: a noise - assisted data analysis method[J]. Advances in Adaptive Data Analysis, 2011, 1(01): 1 -41.

[52] J R Yeh, J S Shieh, N E Huang. Complementary ensemble empirical mode decomposition: a novel noise enhanced data analysis method[J]. Advances in Adaptive Data Analysis, 2010, 02(02): 135 -156.

[53] F Ma, L Zhan, C Li, et al. Self - adaptive fault feature extraction of rolling bearings based on enhancing mode characteristic of complete ensemble empirical mode decomposition with adaptive noise[J]. Symmetry, 2019, 11(4): 513.

[54] X Xue, J Zhou, Y Xu, et al. An adaptively fast ensemble empirical mode decomposition method and its applications to rolling element bearing fault diagnosis[J]. Mechanical Systems and Signal Processing, 2015, 62: 444 -459.

[55] Y Wang, Z Zhou. On the convergence of iterative filtering empirical mode decomposition[J]. Biometrika, 2013.

[56] A Cicone, H Zhou. Numerical analysis for iterative filtering with new efficient implementations

based on FFT[J]. Numerische Mathematik，2018，25：1－28.

[57]A Cicone，J Liu，H Zhou. Adaptive local iterative filtering for signal decomposition and instantaneous frequency analysis[J]. Applied and Computational Harmonic Analysis，2016，41(2)：384－411.

[58]王宏超，陈进，董广明．基于最小熵解卷积与稀疏分解的滚动轴承微弱故障特征提取[J]. 机械工程学报，2013，49(1)：88－94.

[59]王宏超．基于稀疏分解及图像稀疏表征的滚动轴承微弱故障诊断[D]. 上海：上海交通大学，2015.

[60]Y Cheng，N Zhou，W Zhang，et al. Application of an improved minimum entropy deconvolution method for railway rolling element bearing fault diagnosis[J]. Journal of Sound and Vibration，2018，425：53－69.

[61]胡爱军，赵军，孙尚飞，等．基于谱峭度和最大相关峭度解卷积的滚动轴承复合故障特征分离方法[J]. 振动与冲击，2019，38(04)：158－165.

[62]王兴龙，郑近德，潘海洋，等．基于 MED 与自相关谱峭度图的滚动轴承故障诊断方法[J]. 振动与冲击，2020，39(18)：118－124.

[63]G L Mcdonald，Q Zhao. Multipoint optimal minimum entropy deconvolution and convolution fix：application to vibration fault detection[J]. Mechanical Systems & Signal Processing，2017，82：461－477.

[64]张龙，胡俊锋，熊国良．基于 MED 和 ICA 的滚动轴承循环冲击故障特征增强[J]. 计算机集成制造系统，2017，23(02)：333－339.

[65]G Dong，J Chen，F Zhao. Incipient bearing fault feature extraction based on minimum entropy deconvolution and K－SVD[J]. Journal of Manufacturing Science and Engineering，2017，139(10)：101006.

[66]A Buades，B Coll，J M Morel. A review of image denoising algorithms，with a new one[J]. Multiscale Model Simul，2005，4(2)：490－530.

[67]许光宇，蒋社想．椒盐噪声图像的非局部平均滤波算法[J]. 计算机工程与科学，2017，39(6)：1133－1140.

[68]唐晓红，胡俊锋，熊国良，等．自适应非局部均值及在轴承故障检测中的应用[J]. 振动测试与诊断，2019，39(01)：61－67.

[69]M Mahmoudi，G Sapiro. Fast image and video denoising via nonlocal means of similar neighborhoods[J]. IEEE Signal Processing Letters，2005，12(12)：839－842.

[70]K Charles，B Jérôme，C Pierrick. Bayesian non－local means filter，image redundancy and adaptive dictionaries for noise removal[C]//Proceedings of the International Conference on Scale

Space & Variational Methods in Computer Vision, Berlin, Heidelberg: Springer – Verlag, 2007.

[71]翁涵. 基于改进 NLM 的滚动轴承智能故障诊断方法研究[D]. 杭州：杭州电子科技大学，2018.

[72]V Karnati, M Uliyar, S Dey. Fast non – local algorithm for image denoising. 16th IEEE International Conference on Image Processing(ICIP)[C]. New York: IEEE, 2010.

[73]R Vignesh, B T Oh, C – C J Kuo. Fast non – local means(NLM) computation with probabilistic early termination[J]. IEEE Signal Processing Letters, 2010, 17(3): 277 – 280.

[74]T Tasdizen. Principal neighborhood dictionaries for nonlocal means image denoising[J]. IEEE Transactions on Image Processing A Publication of the IEEE Signal Processing Society, 2009, 18(12): 2649 – 2660.

[75]Y Liu, J Wang, X Chen, et al. A robust and fast non – local means algorithm for image denoising[J]. Journal of Computer Science & Technology, 2008, 23(2): 270 – 279.

[76]A Dauwe, B Goossens, Luong H Q, et al. A fast nonlocal image denoising algorithm[J]. Proceedings of SPIE – The International Society for Optical Engineering, 2008, 6812: 1 – 8.

[77]J Darbon, A Cunha, T F Chan, et al. Fast nonlocal filtering applied to electron cryomicroscopy. IEEE International Symposium on Biomedical Imaging: From Nano to Macro, Paris, France, 2008: 1331 – 1334.

[78]K Zheng, T Li, Z Su, et al. Faults diagnosis of rolling bearings based on shift invariant k – singular value decomposition with sensitive atom nonlocal means enhancement[J]. Measurement, 2019, 135: 836 – 851.

[79]H Li, B Chen, H Yu, et al. Rolling bearing fault detection in the initial stage of degradation based upon optimized NLM and TKEO[J]. International Journal of Acoustics and Vibration, 2018, 23(2): 157 – 167.

[80]S K Laha. Enhancement of fault diagnosis of rolling element bearing using maximum kurtosis fast nonlocal means denoising[J]. Measurement, 2017, 100: 157 – 163.

[81]J Chen, J Pan, C Zhang, et al. Specialization improved nonlocal means to detect periodic impulse feature for generator bearing fault identification[J]. Renewable Energy, 2017, 103: 448 – 467.

[82]熊国良，胡俊锋，陈慧，等. 基于 SK – NLM 包络的滚动轴承故障冲击特征增强[J]. 仪器仪表学报，2016，37(10)：2176 – 2184.

[83]J Yao, J Zhao, Y Deng, et al. Weak fault feature extraction of rotating machinery based on double – window spectrum fusion enhancement[J]. IEEE Transactions on Instrumentation and

Measurement, 2019, 69(4): 1029 – 1040.

[84]张云强，张培林，王怀光，等．基于双时域微弱故障特征增强的轴承早期故障智能识别[J]. 机械工程学报，2016，52(21)：96 – 103.

[85]何玉灵，蒙玉超，唐贵基，等．基于正弦结构元素的自适应 Top—Hat 变换及发电机特征振动信号增强检测[J]. 中国电机工程学报，2016，36(15)：4266 – 4273.

[86]陈丙炎，宋冬利，张卫华，等．改进 MOMEDA 方法及其在滚动轴承故障特征增强中的应用[J]. 机械强度，2021，43(01)：1 – 8.

[87]Y Miao, M Zhao, J Lin, et al. Application of an improved maximum correlated kurtosis deconvolution method for fault diagnosis of rolling element bearings[J]. Mechanical Systems and Signal Processing, 2017, 92: 173 – 195.

[88]B Chen, W Zhang, D Song, et al. Blind deconvolution assisted with periodicity detection techniques and its application to bearing fault feature enhancement[J]. Measurement, 2020, 159.

[89]周易文，陈金海，王恒，等．基于噪声辅助信号特征增强的滚动轴承早期故障诊断[J]. 振动与冲击，2020，39(15)：66 – 73.

[90]H Wang, J Chen, Y Zhou, et al. Early fault diagnosis of rolling bearing based on noise – assisted signal feature enhancement and stochastic resonance for intelligent manufacturing[J]. The International Journal of Advanced Manufacturing Technology, 2020, 107: 1017 – 1023.

[91]G Li, J Li, S Wang, et al. Quantitative evaluation on the performance and feature enhancement of stochastic resonance for bearing fault diagnosis[J]. Mechanical Systems and Signal Processing, 2016, 81: 108 – 125.

[92]Z Chen, L Guo, H Gao, et al. A fault pulse extraction and feature enhancement method for bearing fault diagnosis[J]. Measurement, 2021, 182, 109718.

[93]Li C, V Sanchez, G Zurita, et al. Rolling element bearing defect detection using the generalized synchrosqueezing transform guided by time – frequency ridge enhancement[J]. ISA transactions, 2016, 60: 274 – 284.

[94]V T Tran, B – S Yang, F Gu, et al. Thermal image enhancement using bi – dimensional empirical mode decomposition in combination with relevance vector machine for rotating machinery fault diagnosis[J]. Mechanical Systems and Signal Processing, 2013, 38(2): 601 – 614.

[95]Y Romano, M Elad. Boosting of image denoising algorithms[J]. Siam Journal on Imaging Sciences, 2015, 8(2): 1187 – 1219.

[96]夏均忠，赵磊，白云川，等．基于 Teager 能量算子和 ZFFT 的滚动轴承故障特征提取[J]. 振动与冲击，2017，36(11)：106 – 110.

[97]刘东东，程卫东，温伟刚，等．基于包络解调滤波的滚动轴承复合故障诊断[J]. 中南大

学学报(自然科学版)，2018，49(4)：881 -887.

[98]S Wei，X Liu. Fault diagnosis of axle box bearings based on improved eemd - hibert envelope demodulation[J]. Measurement and Control Technology，2017，36(2)：44 -49.

[99]杨武成．阶次跟踪和 Hilbert 包络解调在滚动轴承故障诊断中应用[J]．机械科学与技术，2017，36(012)：1873 -1876.

[100]Q Wu，W Li. Fault diagnosis of rolling element bearings based on FDK and Hilbert spectrum [C]//2016 IEEE Far East NDT New Technology & Application Forum(FENDT). IEEE，2016：174 -180.

[101]N Wang，X Liu. Bearing Fault Diagnosis Method Based on Hilbert Envelope Demodulation Analysis[J]. IOP Conference Series Materials Science & Engineering，2018，436.

[102]H M Teager，S M Teager. Evidence for nonlinear production mechanisms in the vocal tract[J]. Speech Production and Speech Modeling，1990.

[103]J F Kaiser. On a simple algorithm to calculate the'energy' of a signal. International Conference on Acoustics，Speech，and Signal Processing [C]. Albuquerque，NM，USA，1990，1：381 -384.

[104]P Maragos，J F Kaiser，T F Quatieri. On amplitude and frequency demodulation using energy operators[J]. Signal Processing IEEE Transactions on，1993，41(4)：1532 -1550.

[105]M Feldman. Hilbert transform in vibration analysis[J]. Mechanical Systems and Signal Processing，2011，25(3)：735 -802.

[106]P Maragos，A Potamianos. Higher order differential energy operators[J]. IEEE Signal Processing Letters，2002，2(8)：152 -164.

[107]B G Iem. Generalized higher order energy based instantaneous amplitude and frequency estimation and their applications to power disturbance detection[J]. International Journal of Fuzzy Logic and Intelligent Systems，2012，12(2)：162 -166.

[108]H Faghidi，M Liang. Detection of bearing fault detection from heavily contaminated signals：a higher - order analytic energy operator method[J]. Journal of Vibration and Acoustics，2015，137(4)：041012.

[109]孟宗，李姗姗，季艳．基于对称差分能量算子解调的局部均值分解端点效应抑制方法[J]．机械工程学报，2014，50(013)：80 -87.

[110]H Zhao，L Li. Fault diagnosis of wind turbine bearing based on variational mode decomposition and Teager energy operator[J]. IET Renewable Power Generation，2017，11(4)：453 -460.

[111]D Zhang，D Yu，W Zhang. Energy operator demodulating of optimal resonance components for the compound faults diagnosis of gearboxes[J]. Measurement Science and Technology，2015，

26(11): 115003.

[112]C Sun, Y Wang, Y Zhang. Vibration diagnostic method based on improved intrinsic time – scale decomposition and energy operator demodulation for fault diagnosis of helicopter planetary gearboxes[C]//2016 Prognostics and System Health Management Conference (PHM – Chengdu). IEEE, 2016: 1 –6.

[113]Z Liao, L Song, P Chen, et al. An automatic filtering method based on an improved genetic algorithm – with application to rolling bearing fault signal extraction[J]. IEEE Sensors Journal, 2017, 17(19): 6340 –6349.

[114]G He, K Ding, H Lin. Fault feature extraction of rolling element bearings using sparse representation[J]. Journal of Sound and Vibration, 2016, 366: 514 –527.

[115]A Hu, J Lin, S Sun, et al. A novel approach of impulsive signal extraction for early fault detection of rolling element bearing[J]. Shock and Vibration, 2017, 5: 1 –11.

[116]Q Li, Y Zhou, G Tang, et al. Early weak fault diagnosis of rolling bearing based on multilayer reconstruction filter[J]. Shock and Vibration, 2021, 23: 1 –15.

[117]K Zheng, J Luo, Y Zhang, et al. Incipient fault detection of rolling bearing using maximum autocorrelation impulse harmonic to noise deconvolution and parameter optimized fast EEMD[J]. Isa Transactions, 2019, 89: 256 –271.

[118]K Kumar, S Shukla, S K Singh. A combined approach for weak fault signature extraction of rolling element bearing using hilbert envelop and zero frequency resonator[J]. Journal of Sound and Vibration, 2018, 419: 436 –451.

[119]B Shang, Z Guo, H Wang. Feature extraction of the weak periodic signal of rolling element bearing´ early fault based on shift invariant sparse coding[J]. Journal of Vibroengineering, 2018, 20(4): 1652 –1666.

[120]L Yong, R Yuan, T Wanf, et al. Health degradation monitoring and early fault diagnosis of a rolling bearing based on CEEMDAN and improved MMSE[J]. Materials, 2018, 11(6): 1009.

[121]Y Lu, R Xie, S Liang. Extraction of weak fault using combined dual – tree wavelet and improved MCA for rolling bearings[J]. The International Journal of Advanced Manufacturing Technology, 2019, 104(2): 2389 –2400.

[122]杨超，杨晓霞．基于灰色关联度和 Teager 能量算子的轴承早期故障诊断[J]．振动与冲击，2020，39(13)：224 –229.

[123]李扬．基于混沌理论的滚动轴承故障诊断及故障趋势预测研究[D]．成都：西南交通大学，2018.

[124]陆子鸣．基于 NLM – VMD 和度量学习的滚动轴承故障诊断研究[D]．武汉：华中科技大

学，2019.

[125]胡俊锋．滚动轴承冲击类故障特征增强的非局部均值算法研究[D]．南昌：华东交通大学，2017.

[126]王银杰．基于非局部均值滤波的图像去噪算法[D]．哈尔滨：哈尔滨理工大学，2019.

[127]D V Van，Kocher M. SURE-based non-local means[J]. IEEE Signal Processing Letters，2009，16(11)：973 -976.

[128]D V Van，Kocher M. Nonlocal means with dimensionality reduction and sure - based parameter selection[J]. Image Processing，IEEE Transactions on，2011，20(9)：2683 -2690.

[129]P Coupe，P Hellier，C Kervrann，et al. Bayesian nonlocal means - based speckle filtering. IEEE International Symposium on Biomedical Imaging[C]. Paris，France，2008，2018：1291 -1294.

[130]周兵，韩媛媛，徐明亮，等．快速非局部均值图像去噪算法[J]．计算机辅助设计与图形学学报，2016，28(8)：1260 -1268.

[131]蔡玉芳，陈桃艳，王珏，等．基于自适应滤波系数的非局部均值计算机层析成像的图像降噪方法[J]．光学学报，2020，40(7)：44 -52.

[132]陈会娟．噪声的估计及基于快速 NLM 的去除[D]．厦门：华侨大学，2015.

[133]K N Chaudhury，A Singer. Non - local euclidean medians[J]. IEEE Signal Processing Letters，2012，19(11)：745 -748.

[134]J Tian，W Yu，S Xie. On the kernel function selection of nonlocal filtering for image denoising. 2008 International Conference on Machine Learning and Cybernetics[C]. Kunming，China，2008，2964 -2969.

[135]祝青林．非局部均值滤波算法及其在滚动轴承故障诊断中的应用研究[D]．武汉：武汉科技大学，2015.

[136]向天尧．基于改进能量算子的滚动轴承故障诊断方法[D]．长沙：湖南大学，2018.

[137]冯志鹏，秦嗣峰．基于 Hilbert 振动分解和高阶能量算子的行星齿轮箱故障诊断研究[J]．振动与冲击，2016，35(5)：47 -54.

[138]R Agarwal，J Gotman. Adaptive segmentation of electroencephalographic data using a nonlinear energy operator. 1999 IEEE International Symposium on Circuits and Systems(ISCAS)[C]. Orlando，FL，USA，1999，4：199 -202.

[139]王友仁，王俊，黄海安．基于非线性短时傅里叶变换阶次跟踪的变速行星齿轮箱故障诊断[J]．中国机械工程，2018，29(14)：54 -61.

[140]程军圣，向天尧，杨兴凯，等．AEO 解调方法及在滚动轴承故障诊断中的应用[J]．噪声与振动控制，2017，37(03)：151 -155.

[141]Y Imaouchen, M Kedadouche, Alkama R, et al. A frequency – weighted energy operator and complementary ensemble empirical mode decomposition for bearing fault detection[J]. Mechanical Systems and Signal Processing, 2017, 82: 103 – 116.

[142]付伟清, 王红军, 张怀存. 小波阈值去噪和能量算子的滚动轴承故障诊断[J]. 北京信息科技大学学报: 自然科学版, 2017, 32(1): 40 – 43.

[143]Y H Wang, C H Yeh, Young H, et al. On the computational complexity of the empirical mode decomposition algorithm[J]. Physica A Statistical Mechanics & Its Applications, 2014, 400: 159 – 167.

[144]A Boudiaf, A Moussaoui, A Dahane, et al. A comparative study of various methods of bearing faults diagnosis using the case western reserve university data[J]. Journal of Failure Analysis and Prevention, 2016, 16(2): 271 – 284.

[145]W A Smith, R B Randall. Rolling element bearing diagnostics using the case western reserve university data: a benchmark study[J]. Mechanical Systems and Signal Processing, 2015, 64: 100 – 131.

[146]J Gao, P Shang. Analysis of complex time series based on emd energy entropy plane[J]. Nonlinear Dynamics, 2019, 96: 465 – 482.

[147]W Xu, S Chen, M Wang, et al. Eliminating the end effect of empirical mode decomposition using a cubic spline based method[J]. Digital Signal Processing, 2021, 110: 102936.

[148]Y Wang, C Yeh, H Young, et al. On the computational complexity of the empirical mode decomposition algorithm[J]. Physica A Statistical Mechanics and Its Applications, 2014, 400: 159 – 167.

[149]G Rilling, P Flandrin, P Goncalves. On empirical mode decomposition and its algorithms[J]. IEEE – EURASIP workshop on nonlinear signal and image processing. NSIP – 03. 2003.

[150]Y Lv, Y Zhang, C Yi. Optimized adaptive local iterative filtering algorithm based on permutation entropy for rolling bearing fault diagnosis[J]. Entropy, 2018, 20(12): 920.

[151]G Tang, X Wang, Y He, et al. Rolling bearing fault diagnosis based on variational mode decomposition and permutation entropy[C]. 2016 13th International Conference on Ubiquitous Robots and Ambient Intelligence(URAI). IEEE, 2016.

[152]J Xiao, J Mei, Z Zhang, et al. Bearing fault diagnosis based on CEEMDAN and Teager energy operator[J]. Journal of Physics Conference Series, 2019, 1345: 032044.

[153]Y Xu, Z Cai, D Kai. An enhanced bearing fault diagnosis method based on TVF – EMD and high – order energy operator[J]. Measurement Science and Technology, 2018, 29: 095108.

[154]L Zhao, Y Zhang, D Zhu. Rolling element bearing fault diagnosis based on adaptive local itera-

tive filtering decomposition and Teager – Kaiser energy operator[J]. Journal of Failure Analysis and Prevention，2019，4：1018 – 1022.

[155]S Liu，S Hou，K He，et al. L – kurtosis and its application for fault detection of rolling element bearings[J]. Measurement，2018，116：523 – 532.

[156]J R M Hosking. L – moments：analysis and estimation of distributions using linear combinations of order statistics[J]. Journal of the Royal Statistical Society Series B：Methodological，1990，52(1)：105 – 124.

[157]徐元博．基于改进能量算子的振动筛轴承故障特征提取方法研究[D]．西安：长安大学，2019.

[158]H Endo，R B Randall. Enhancement of autoregressive model based gear tooth fault detection technique by the use of minimum entropy deconvolution filter[J]. Mechanical Systems and Signal Processing，2007，21(2)：906 – 919.

[159]N Sawalhi，R B Randall. Simulating gear and bearing interactions in the presence of faults. Part I. The Combined Gear Bearing Dynamic Model and the Simulation of Localized Bearing Faults [J]. Mechanical Systems and Signal Processing，2008，22(8)：1924 – 1951.

[160]Y Xu，Z Cai，X Cai，et al. An enhanced multipoint optimal minimum entropy deconvolution approach for bearing fault detection of spur gearbox[J]. Journal of Mechanical Science and Technology，2019，33：2573 – 2586.

[161]L Yang，Q Hu，S Zhang. Research on fault feature extraction method of rolling bearing based on improved wavelet threshold and CEEMD[J]. Journal of Physics Conference Series，2020，1449：012003.

[162]L Yong，Y Rui，W Tao，et al. Health degradation monitoring and early fault diagnosis of a rolling bearing based on CEEMDAN and improved MMSE[J]. Materials，2018，11(6)：1009.

[163]P Ma，H Zhang，W Fan，et al. Early fault detection of bearings based on adaptive variational mode decomposition and local tangent space alignment[J]. Engineering Computations，2019，36(2)：509 – 532.

[164]任学平，李攀，王朝阁，张超．基于改进 VMD 与包络导数能量算子的滚动轴承早期故障诊断[J]．振动与冲击，2018，37(15)：6 – 13.

[165]J Yu，J Lv. Weak Fault feature extraction of rolling bearings using local mean decomposition – based multilayer hybrid denoising[J]. IEEE Transactions on Instrumentation and Measurement，2017，66(12)：3148 – 3159.

[166]A Hu，J Lin，S Sun，et al. A novel approach of impulsive signal extraction for early fault detection of rolling element bearing[J]. Shock and Vibration，2017(5)：1 – 11.

[167]李翠省，刘永强，廖英英．基于相关峭度准则 EEMD 及改进形态滤波的轴承故障诊断方法[J]．轴承，2017，2：55－59.

[168]V Mien，F Pasquale，C Dariusz. Rolling Element bearing fault diagnosis using integrated nonlocal means denoising with modified morphology filter operators[J]. Mathematical Problems in Engineering，2016(3)：1－14.

[169]M Van，H J Kang，K S Shin. Rolling element bearing fault diagnosis based on nonlocal means denoising and empirical mode decomposition[J]. Science Measurement and Technology Iet，2014，8(6)：571－578.

[170]J Tukey. exploratory Data Analysis[M]. Reading，Mass.：Addison－Wesley Pub. Co. 1977.

[171]S K Mitra，T H Yu. Transform amplitude sharpening：a new method of image enhancement[J]. Computer Vision Graphics and Image Processing，1987，40(2)：205－218.

[172]S Osher，M Burger，D Goldfarb，et al. An iterative regularization method for total variation－based image restoration[J]. Siam Journal on Multiscale Modeling and Simulation，2005，4(2)：460－489.

[173]M Liu，B C Vemuri. Robust and efficient regularized boosting using total bregman divergence[J]. IEEE Computer Vision and Pattern Recognition，2011，7：2897－2902.

[174]H Talebi，X Zhu，P Milanfar. How to SAIF－ly boost denoising performance[J]. IEEE Transactions on Image Processing A Publication of the IEEE Signal Processing Society，2013，22(4)：1468－1483.

[175]P Bühlmann，B Yu，Bühlmann p. boosting with the l2－loss：regression and classification[J]. Journal of the American Statistical Association，2003，98(462)：324－339.

[176]P Milanfar. A tour of modern image filtering[J]. Signal Processing Magazine，2013，30(1)：106－128.

[177]许志宏，王沛．基于 L2Boost 的低阶核回归迭代去噪算法[J]．上海电机学院学报，2011，14(001)：44－9.

[178]M Zeng，Z Chen. SOSO boosting of the K－SVD denoising algorithm for enhancing fault－induced impulse responses of rolling element bearings[J]. IEEE Transactions on Industrial Electronics，2020，67(2)：1282－1292.

[179]J M O'Toole，A Temko，N Stevenson. Assessing instantaneous energy in the EEG：a nonnegative，frequency－weighted energy operator. international conference of the ieee engineering in medicine and biology society[C]. 2014，2014：3288－3291.

[180]W Gousseau，A Jérme，F Girardin，et al. Analysis of the rolling element bearing data set of the center for intelligent maintenance systems of the university of cincinnati[C]. Proceedings of the

CM 2016.

[181]L Guo, H Gao, J Li, et al. Machinery vibration signal denoising based on learned dictionary and sparse representation[J]. Journal of Physics Conference, 2015, 628: 012124.

[182]张龙，成俊良，李兴林，等. 基于自适应频带冲击强度的滚动轴承故障量化评估[J]. 振动与冲击，2018，37(19)：30-38.

[183]X Xu, M Zhao, J Lin, et al. Envelope harmonic-to-noise ratio for periodic impulses detection and its application to bearing diagnosis[J]. Measurement, 2016, 91: 385-397.

[184]K Zheng, T Li, B Zhang, et al. Incipient fault feature extraction of rolling bearings using autocorrelation function impulse harmonic to noise ratio index based svd and teager energy operator [J]. Applied Sciences, 2017, 7(11): 1117.

[185]X Jiang, C Xu, J Shi, et al. A new l0-norm embedded med method for roller element bearing fault diagnosis at early stage of damage[J]. Measurement, 2018, 127: 414-424.

[186]张先辉，李新民，金小强. 基于 MED 和 LMD 的自动倾斜器轴承广义 Shannon 熵谱分析[J]. 航空动力学报，2019，34(4)：764-771.

[187]任学平，李攀，王朝阁. 基于 CEEMD-MED 和 Teager 能量算子的滚动轴承微弱故障特征提取[J]. 中国测试，2017，233(12)：88-92.

[188]郭宝良，段志善，郑建校，等. 振动机械滚动轴承单点点蚀故障诊断研[J]. 振动工程学报，2012，25(5)：610-618.

[189]H Pan, X Yin, J Cheng, et al. Periodic component pursuit-based kurtosis deconvolution and its application in roller bearing compound fault diagnosis[J]. Mechanism and Machine Theory, 2023, 185: 105337.

[190]J Meng, H Wang, L Zhao, et al. Compound fault diagnosis of rolling bearing using PWK-sparse denoising and periodicity filtering[J]. Measurement, 2021, 181: 109604.

[191]J Guo, Z Si, J Xiang. A compound fault diagnosis method of rolling bearing based on wavelet scattering transform and improved soft threshold denoising algorithm[J]. Measurement, 2022, 196: 111276.

[192]Y Hu, Q Zhou, J Gao, et al. Compound fault diagnosis of rolling bearings based on improved tunable Q-factor wavelet transform[J]. Measurement Science and Technology, 2021, 32(10): 105018.

[193]W Deng, Z Li, X Li, et al. Compound fault diagnosis using optimized MCKD and sparse representation for rolling bearings[J]. IEEE Transactions on Instrumentation and Measurement, 2022, 71: 1-9.

[194]L Hong, X Liu, H Zuo. Compound faults diagnosis based on customized balanced multiwavelets

and adaptive maximum correlated kurtosis deconvolution [J]. Measurement, 2019, 146: 87 - 100.

[195] H Li, X Wu, T Liu, et al. Composite fault diagnosis for rolling bearing based on parameter - optimized VMD[J]. Measurement, 2022, 201: 111637.

[196] N Li, W Huang, W Guo, et al. Multiple enhanced sparse decomposition for gearbox compound fault diagnosis[J]. IEEE Transactions on Instrumentation and Measurement, 2019, 69(3): 770 - 781.

[197] T Han, L Ding, D Qi, et al. Compound faults diagnosis method for wind turbine mainshaft bearing with Teager and second - order stochastic resonance [J]. Measurement, 2022, 202: 111931.

[198]朱丹宸，许骥，晋家兵，等．基于改进最大相关峭度解卷积的滚动轴承复合故障诊断[J]．轴承，2021(1)：46 - 53.